Gazon parfait et prairie fleurie

Gazon parfait et prairie fleurie

Robert Sulzberger

Chantecler

Table des matières

Le tapis vert du jardin 7

Pourquoi du gazon ? 7
Diverses fonctions 8
Implantations particulières 10
L'herbe : la chevelure de la terre 13
Les mélanges de semences 17
Autres solutions 18

Plantation du gazon 23

Eléments à prendre en compte 23
Préparation de la zone à semer 26
Les semis étape par étape 29
Les semaines qui suivent les semis 31
Urgences : rouleaux et mottes précultivés 33
Les îlots fleuris 36
Gazon de rocaille 39

Tout savoir sur la tonte 43

Rapport entre fréquence et technique de tonte 43
Equipement de base de la tondeuse 46
Les tondeuses 48
Techniques de tonte de l'herbe haute 51
Tondeuse à pousser, autotractée ou autoportée ? 53
Sécurité et entretien 55
Bien tondre : la pratique 56
Que faire des résidus de tonte ? 60

Travaux d'entretien réguliers 63

De l'air pour les racines 63
De l'eau pour la pousse 64
De l'engrais pour un beau tapis vert 67
Les mauvaises herbes 70
Dégâts et maladies 73
Rapiéçage du tapis de verdure 77
Les soins tout au long de l'année 78

Les prairies fleuries 81

Le royaume des fleurs et ses variantes 81
Semences pour chaque cas particulier 83
La pelouse devient prairie 87
Semis de fleurs des champs sur sol nu 88
Les soins les plus appropriés à une prairie fleurie 90

Index 92

Le tapis vert du jardin

Certains jardiniers réduisent le fait d'avoir une pelouse à la corvée de la tonte. C'est négliger les nombreux intérêts du gazon et oublier que ce tapis vert constitue au cœur du jardin un espace de calme et de jeu pour les petits comme pour les plus grands.

Que serait le jardin sans son espace de pelouse pour y jouer et s'en donner à cœur joie ?

Pourquoi du gazon ?

Lorsqu'une jeune famille s'installe dans une nouvelle maison et fait des projets pour son jardin, le père pense souvent aux parterres de jolies fleurs et la mère aux fruits et légumes cultivés au potager et non traités par des produits chimiques. Ils réalisent rarement dès le début que ces espaces sont bien souvent plantés dans un cadre vert apaisant. Pour les siestes et le repos, ils comptent uniquement sur la terrasse, et c'est dommage.

Mais, au fil du temps, quand les enfants ont envahi toute la terrasse, ils reconnaissent la nécessité d'avoir une pelouse : c'est l'idéal pour les jeux de ballon, les jeux d'adresse de toutes sortes, pour courir, s'ébattre et se déchaîner. Ce sol naturellement matelassé amortit les chutes des plus petits et permet aux enfants plus grands de moins se salir.

Dans d'autres cultures, mais aussi chez de nombreux amoureux des jardins de notre pays, la pelouse revêt une signification majeure lorsqu'il n'y a pas d'enfant pour jouer dessus. Dès qu'on les prononce les mots « gazon anglais » évoquent un beau tapis vert, dense, épais et bien dru. Avec quelques indications utiles et les soins corrects, tout détenteur d'un jardin peut gagner ses titres de jardinier émérite.

◀ Ce gazon d'un vert frais uniforme attire l'œil vers les formes et les couleurs variées des plantes, dans un plaisir esthétique délicieux.

> *Rien ne ravit plus l'œil que l'herbe fine et délicate.*
>
> Albert le Grand, vers 1250

Gazon ou prairie ?

A ce stade, il faut bien établir la distinction : une **prairie fleurie** est une surface plantée de fleurs, d'herbes variées et de gazon. Les fleurs abondantes attirent une multitude de formes de vie animale. Cette prairie est donc peu adaptée aux jeux et aux ébats des enfants.

Sur un **gazon**, au contraire, ne pousse que de l'herbe plus ou moins épaisse. Comme il n'y a pas de fleurs, les enfants peuvent s'y ébattre pieds nus sans danger de se faire piquer par les guêpes. Pour les plantations en rocaille, on n'utilisera pas de variétés spéciales, mais des espèces à pousse montante ou rampante qui se développeront bien sur ces espaces.

Le fin du fin en jardinage est de laisser croire au naturel malgré tous les soins qu'apporte le jardinier.

Jardin et bien-être : la pelouse enchante l'œil mais aussi l'esprit et le corps tout entier.

Ensuite, il faut entretenir cette végétation homogène maintenue courte artificiellement, par des soins réguliers, l'utilisation de machines et d'engrais minéral – parfois aussi en la protégeant par divers moyens.

Diverses fonctions

L'entretien d'une surface plantée de gazon ne dépend pas seulement du style que l'on souhaite obtenir, mais aussi, et pour une bonne partie, du sol et de l'usage auquel on le destine. Ces critères sont différents d'une maison à l'autre.

Les gazons d'ornement

On doit marcher le moins possible sur un gazon d'ornement ; il doit, en premier lieu, réjouir la vue. La qualité essentielle recherchée est l'esthétique. Ce tapis vert ne convient dès lors pas bien aux maisonnées avec enfants ou chiens.
Il faut savoir qu'un gazon d'ornement coûte cher. En effet, afin d'obtenir la perfection ambitieuse de ces quelques centimètres de verdure au-dessus du sol, l'ami des gazons risque de dépenser beaucoup d'argent en semences, engrais, désherbants, outils de jardinage variés pour les divers soins requis. Tout cela prend aussi beaucoup de temps. Bien souvent, pour être finalement déçu du résultat. Les causes sont multiples ; elles seront détaillées autour de plusieurs points principaux page 73 et suivantes. Cependant, il est possible d'éliminer certaines raisons d'échec dès le moment du projet et de la plantation.

Les gazons pour terrains de sport

Ces gazons ne sont pas moins ambitieux car ce sont des surfaces d'usage évidemment intensif et qui doivent, de plus,

Les différentes sortes de gazons

Type	Lieu, usage	Apparence	Résistance	Intensité des soins
Gazon d'ornement	Jardin familial, décoration	Tapis parfait, épais et homogène, brins robustes	Faible	Elevée
Gazon tous usages	Jardin familial, pelouses d'immeubles, gazons « multiusages »	Assez homogène mais moins dense et moins parfait	Moyenne, supporte la sécheresse	Moyenne à élevée
Gazon de sport	Terrains de sport, lieux à passage intensif	Herbe à gros brins verts	Elevée toute l'année	Elevée
Gazon paysager	Grands espaces verts, bordures d'allées	Moins homogène	Moyenne	Faible

Il ne faut pas sous-estimer les pelouses des jardins familiaux. Elles jouent un rôle important, dont le premier est d'offrir une salle de séjour en plein air.

Mais il convient aux jeux des enfants autant qu'au jardinier de la famille qui préfère souvent la chaise longue à la tondeuse à gazon.

Les gazons « paysagers » ou « espaces verts »

Sur les surfaces plus étendues, par exemple dans les parcs, il faut privilégier les gazons qui sont faciles à entretenir et qui supportent tout aussi bien la sécheresse que les mauvaises conditions.
La qualité recherchée ici est la rusticité. Par ailleurs, le vert de l'herbe contribue au bel aspect d'ensemble, mais celui-ci peut supporter que la pelouse ne rester de belles étendues vertes tout au long de l'année. « Résistant », voilà bien le mot qui décrit ce type de gazon. Les propriétés esthétiques doivent également répondre à des critères d'exigence élevée.
Dans cet objectif, il faut des variétés d'herbe très robustes qui se régénèrent facilement et qui parviennent, grâce à la pousse de rejets, à réparer les dégâts éventuels et à se refermer.

Les gazons tous usages

Dans les jardins des maisons particulières, on rencontre essentiellement une forme intermédiaire de gazon : en effet, les enfants, même très actifs, passent rarement toutes leurs journées à piétiner l'herbe, et ce par tous les temps. Dans les jardineries, on trouve donc un mélange de semences qui répond à ce besoin sous l'appellation « gazon universel ». Ces herbes de mélange doivent évidemment être robustes, mais pas autant que pour un terrain de sport ; au besoin, on peut ressemer sur les trous.
Ici, on privilégie la facilité d'entretien quitte à avoir une herbe moins fine et moins homogène. L'aspect esthétique est limité.

Même dans les parcs savamment agencés, une bonne partie de la vie se joue sur les pelouses.

soit pas particulièrement homogène et de même épaisseur partout. Finalement, le trèfle et les autres sempiternelles mauvaises herbes font partie de l'ensemble et restent bien verts tout au long de l'année.
Nous passons ensuite naturellement de la pelouse de parc aux **prairies fleuries**. Il s'agit ici de surfaces plantées dont la destination, la plantation et l'entretien font l'objet d'une rubrique à part dans ce livre. Voyez à partir de la page 81.

On se retire volontiers à l'ombre lors des chaudes journées d'été. Mais là l'herbe a plus de mal à pousser.

Implantations particulières

L'herbe des pelouses est souvent gourmande de lumière. C'est pourquoi il faut réserver les gazons d'ornement aux zones les plus ensoleillées possible. Si de grands arbres ou des murs font de l'ombre là où on souhaite un gazon, il faut semer un mélange spécial et abandonner le rêve d'un gazon parfait.

Pelouses ombragées

Le problème est bien connu : à l'ombre de la maison et des arbres très feuillus, le gazon ne réussit pas à constituer un beau tapis vert bien dense. L'herbe est rare et ses racines sont faibles, la pousse se fait mal et la mousse envahit les trous libres, ce qui est très décevant lorsqu'on avait espéré un beau gazon.
Les magasins proposent des mélanges de semences pour gazons ombragés. Ce sont des graines que l'on doit planter de préférence à l'automne. Choisissez les variétés suivantes : fétuque rouge *(Festuca rubra)*, agrostide commune *(Agrostis capillaris)* qui réussissent bien à l'ombre de la maison, ou pâturin commun *(Poa trivialis)* pour les zones humides. Sachez cependant que si l'ombre est très prononcée, aucune de ces variétés ne poussera bien.
Avant tout, il ne faut pas oublier qu'à l'ombre on ne tond pas l'herbe très souvent, et en aucun cas on ne doit la tondre plus court que 5 cm ! Il est illusoire de penser que l'apport exagéré d'engrais va résoudre ou compenser le problème d'ensoleillement. Lorsque l'herbe récemment plantée affronte le problème de l'ombre portée du bâtiment ou de la concurrence des racines des arbres existants, il faut arroser de manière intensive (20 l/m²).

Gazon en pente

Différentes difficultés menacent la réussite des gazons plantés dans les terrains en pente. Avant tout, la couche de terre dans laquelle doit s'enraciner le gazon n'est souvent pas très épaisse et est vite emportée par les précipitations fortes.
Ce problème se rencontre dès la plantation. Une solution élégante pour le résoudre consiste à poser des rouleaux ou des mottes de gazon (voir page 33). Afin d'obtenir un gazon homogène, il existe des dispositifs

Dans les terrains en pente, le tissu des racines de la pelouse permet de résister à l'érosion. Ici, on a posé des rouleaux de gazon.

qui permettent aux semences de se mêler à la terre afin de rester espacées régulièrement et de résister au flux des intempéries. Lorsque l'inclinaison dépasse 15°, il vaut mieux installer des terrasses ou des renforts qui permettront au terrain de ne pas s'ébouler. Sachez enfin qu'il est plus difficile de tondre dans les pentes. Les tondeuses autotractées facilitent le travail.

Toits herbus

Pour contrer l'effet des constructions omniprésentes, il est agréable de faire verdir les toits, par exemple ceux des garages. Cela leur permet de s'intégrer plus naturellement dans les jardins et d'améliorer l'environnement. La résistance sous charge de chaque toit ainsi que les substrats de revêtement sont des sujets dont il est préférable de chercher les détails dans la littérature spécialisée. La plantation de ce type de surface peut se faire avec des plantes vivaces ou des herbes de prairie. Les mélanges peuvent contenir une bonne proportion de fétuque ovine *(Festuca ovina)* et de fétuque rouge *(Festuca rubra)*, mais le pâturin des prés *(Poa pratensis)* et l'herbe sauvage conviennent également pour obtenir une couverture de verdure sur un toit. Au besoin, il existe aussi des mélanges intéressants à utiliser pour les surfaces ombragées ou à ajouter à d'autres plantes. Le ray-grass anglais ou ivraie vivace *(Lolium perenne)* se mélange ainsi volontiers aux variétés citées pour constituer des couvertures vertes durables, qu'il faudra tondre plusieurs fois par an.

Pourquoi limiter la verdure au sol ? On peut couvrir la toiture d'une herbe qui supporte la sécheresse.

Le joint a été laissé volontairement large entre ces pavés afin de permettre de semer une herbe qui réjouit la vue.

Autre possibilité : laisser la verdure apparaître sur les surfaces très passantes. Ici, une structure de pavés creux.

Herbes sèches

Pour semer sur les toits une herbe à pousse lente sur une couche de terre mince, il existe dans le commerce des mélanges d'herbe qui contiennent notamment des liliacées et du trèfle. Ces gazons peuvent verdir sur une couche de terre d'un minimum de 3 cm d'épaisseur. Ils demandent peu de soins et il faut les tondre de temps en temps, à une hauteur qui dépend de l'épaisseur de la couche de terre.

Souvent, les plantes des toits et de certaines surfaces tapissées d'herbe poussent sur une couche de terre fine, comme le bugle *(Ajuga)*, le lierre terrestre *(Glechoma)*, le fraisier des Indes *(Duchesnea)*, la népète *(Nepeta)*, le serpolet commun *(Thymus pulegioides)*, le géranium sanguin *(Geranium sanguineum)*, le lamier *(Lamiastrum)*, le pied-de-chat *(Antennaria dioica)* et l'acaena de Buchanan *(Acaena buchananii)*.

Pour les **toits** situés **à l'ombre**, ce sont les variétés de plantes adaptées aux gazons peu ensoleillés et siliceux qui conviennent. Sur une terre acide, il faudra des fleurs et des herbes comme la knautie *(Knautia)*, le gaillet *(Galium)*, l'alchémille jaunâtre *(Alchemilla xanthochlora)*, le plantain *(Plantago)* ou l'origan *(Origanum)*. On trouve également des mélanges prêts à semer pour ce type de surfaces.

Pour les allées où passent des voitures, on peut choisir de créer un gazon de rocaille à la place de la voie pavée ou goudronnée. Ce revêtement est assez bon marché et il est facile à entretenir. Si l'allée est très passante, la pousse sera quand même malmenée. Pour plus de détails, voyez à la page 39.

Allées engazonnées

Les allées pavées doivent se contenter d'encore moins de verdure ; en effet, seul le joint ménagé entre les pavés permet à l'herbe de pousser, à condition d'avoir laissé assez de place entre ces pavés spéciaux. Il faut aussi tenir compte de l'enfoncement des pavés lors de la pose car l'herbe pousse sur la terre qui se trouve dessous.

Il existe aussi des **pavés de pierre**, qui se posent comme un revêtement d'allée. Il s'agit souvent de grosses plaques de pierre naturelle. Il faut creuser la terre sur une profondeur

d'environ 50 cm, puis poser une couche porteuse épaisse de 35 cm et la damer fortement. On épand ensuite dessus une fine épaisseur de gravillons (5 cm) dans laquelle on peut encastrer les pierres.
Les joints doivent mesurer 3 à 5 cm de large pour bien s'engazonner. Puis on les remplit d'un mélange de terre et de sable et il faut semer des herbes qui supportent la sécheresse. Mais, auparavant, il faut encore damer la surface, en faisant attention à ne pas endommager les pierres ! On trouve des **pavés à engazonner** en béton de formes diverses. Il faut absolument veiller à installer des fondations appropriées pour que le sol supporte la circulation. Si le passage de voitures doit être intensif, il vaut mieux prévoir une allée en dur ; de même, ces pavés ne conviennent pas bien à un passage continuel de piétons. En général, les pavés font 10 à 12 cm d'épaisseur. On les pose les uns contre les autres sur une couche porteuse bien damée de 35 cm d'épaisseur. Pour éviter l'effondrement des pavés qui se trouvent sur les bords, il faut les contenir à l'aide de palplanches, de béton par exemple. Ensuite, on remplit les trous jusqu'au niveau des pavés avec de la terre ou un mélange de sable et de terre puis il faut semer des herbes qui supportent la sécheresse.

L'herbe : la chevelure de la terre

La grande famille des herbes – les graminées – comprend environ 10 000 variétés répandues sur toute la planète, allant des bords de mer aux flancs des montagnes, dans les marécages comme dans les steppes arides, et qui constituent un tapis de verdure incomparable.
La capacité d'une graminée de gazon à supporter les tontes est une qualité décisive, de même que ses facilités d'adaptation à différents types de lieux, sa résistance au froid de l'hiver, sa robustesse et la densité de ses brins ou sa manière de pousser malgré la rareté des fleurs. On distingue nettement les herbes à leur finesse et au format de leurs feuilles. Mais pour les gazons qui font l'objet de cet ouvrage, seules certaines variétés d'herbe peuvent convenir.

Qu'est-ce qui différencie l'herbe des autres plantes ? Ce schéma présente une plante type.

Caractéristiques des principales graminées de gazon

AGROSTIDES
Ce sont les herbes les plus fines. Elles sont peu exigeantes et leurs stigmates sont denses et très fins. Elles préfèrent les sols perméables.

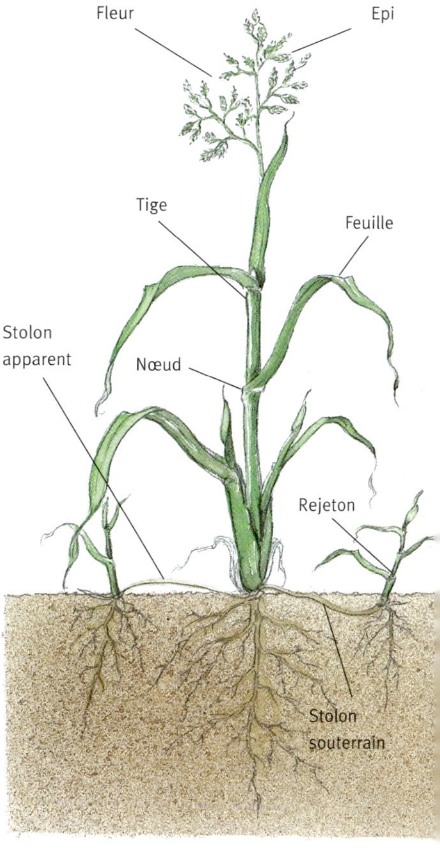

Cette agrostide aux tiges très fines convient bien aux parcours de golf.

Agrostide (ou agrostis) commune (*Agrostis capillaris*, syn. *A. tenuis*)

Aspect : d'un vert clair à profond, petites feuilles ; touffes denses avec stolons apparents et souterrains ; robuste.
Caractéristiques : robuste, supporte le piétinement.
Soins : préfère les terres acides ; nécessite de bons apports d'eau et d'engrais ; supporte les tontes très courtes (4 cm).
Usages : gazons d'ornement, de golf et paysagers.

Agrostide stolonifère *(Agrostis stolonifera)*

Aspect : feuilles menues ; longs stolons apparents.
Caractéristiques : robuste, supporte le passage, résiste à la concurrence.
Soins : supporte les tontes très courtes (3 cm).
Usages : pour gazons d'ornement et paysagers. Les nouvelles variétés à rejetons non retombants sont l'élément majeur des terrains de golf.

Agrostide des chiens *(Agrostis canina)*

Aspect : feuilles très fines en bouquets sur stolons apparents.
Caractéristiques : supporte le passage.
Soins : préfère les terres humides, acides et riches. Supporte les tontes très courtes (3 cm) et l'ombre légère.
Usages : pour gazons d'ornement, tous usages et paysagers.

CYNOSURE

Crételle *(Cynosurus cristatus)*

Aspect : pousse très lente, touffes denses et aplaties, feuilles larges, tiges des fleurs hautes et fermes, persistant.
Caractéristiques : supporte le piétinement.
Soins : aime les terres fraîches et humides ; pas trop d'engrais ; ne pas tondre trop court.
Usages : dans les mélanges pour pelouses de jeux et de sport.

FETUQUES

Fétuque rouge *(Festuca rubra)*

Aspect : pousse lente ; tiges fines vert foncé, rhizomes courts, tendance à faire des touffes denses.
Caractéristiques : moins robuste que le ray-grass anglais ou ivraie vivace *(Lolium perenne)*

La fétuque rouge, qui s'adapte à tout, entre dans presque tous les mélanges.

ou le pâturin des prés *(Poa pratensis)*.
Soins : s'adapte facilement sur sols naturellement riches et/ou secs, apprécie aussi l'apport d'engrais ; supporte les tontes courtes (5 cm).
Usages : pour gazons paysagers, tous usages et d'ornement.

- La fétuque rouge gazonnante ou de Chewing (*F. r.* subsp. *commutata*, syn. : *F. nigrescens*) a les brins fins qui poussent en touffes courtes et denses sans stolons.
- La fétuque rouge traçante (*F. r.* subsp. *rubra*) regarnit les trous grâce à ses stolons longs et assez gros. La pousse est haute, mais pas très dense.
- La fétuque rouge demi-traçante (*F. r.* subsp. *trichophylla*, syn. : *F. litoralis*) est une forme bâtarde des sous-variétés déjà citées.

Fétuque ovine *(Festuca ovina)*

Aspect : brins résistants, velus mais fins, d'un vert bleuté ou grisé, touffes courtes sans stigmates et sans rhizomes.
Caractéristiques : supporte bien la sécheresse.

La fétuque est une variété idéale dans les gazons secs à usage intensif.

Soins : la moins exigeante de nos herbes, mais supporte mal les tontes irrégulières ; accepte les terres sablonneuses, et supporte l'ombre légère.
Usages : en mélange pour gazons paysagers et surfaces sèches ; gazons tous usages.

Fétuque à feuilles fines (filiforme) *(Festuca filiformis)*

Aspect : brins fins vert foncé, touffes denses ; pousse lente.
Caractéristiques : très résistante à la sécheresse.
Soins : supporte l'ombre légère.
Usages : pour gazons paysagers (y compris ombragés).

RAY-GRASS

Ray-grass anglais ou ivraie vivace *(Lolium perenne)*

Aspect : pousse très rapide ; feuilles larges, fait des touffes basses et rampantes ; tiges des fleurs longues et dures ; partiellement persistant.
Caractéristiques : la plus résistante au piétinement et à la concurrence de nos herbes de pelouses. Ressent les agressions régulières et disparaît avec le temps.
Soins : sans exigences, préfère les terres riches et fraîches ; ne pas couper plus court que 8 cm.
Usages : pour gazons tous usages et terrains de sport.

Le ray-grass est l'herbe à gazon la plus robuste et à pousse la plus rapide.

Variétés d'herbes à choisir selon les types de gazons				
	Ornement	**Tous usages**	**Sport**	**Paysagers**
Variété principale	*Agrostis* *Festuca rubra*	*Festuca rubra* *Lolium perenne*	*Lolium perenne* *Poa pratensis*	*Festuca rubra* *Festuca ovina* *Poa pratensis*
Autres composants	*Poa pratensis*	*Cynosurus cristatus* *Festuca ovina*	*Cynosurus cristatus*	*Agrostis* *Festuca rubra* *Poa supina*

FLEOLE

Fléole de Bertoloni et fléole des prés (*Phleum bertolonii* et *Ph. pratense*)

Aspect : pousse rapide, basse, touffes assez denses à très denses, persistantes.
Caractéristiques : supporte le passage.
Soins : préfère les sols frais et humides, calcaires ; arrosages et apport d'engrais réguliers.
Usages : mélanges pour gazons de sport et paysagers.

Coupé court, le pâturin des prés *(Poa pratensis)* et ses dérivés sont très résistants, notamment au passage.

POACEES

Pâturin des prés *(Poa pratensis)*

Aspect : pousse lente ; il existe une variété à brins fins et une à gros brins ; courts stolons souterrains et stigmates denses.
Caractéristiques : très résistant, supporte le piétinement, les trous se referment rapidement.
Soins : s'adapte sans problème, de préférence sur les terres fraîches et bien aérées ; supporte l'ombre légère. Ne pas tondre plus court que 8 cm.
Usages : pour gazons tous usages, de sport et paysagers.

Pâturin couché *(Poa supina)*

Aspect : vert clair, brins courts, stolons apparents, cesse de pousser tôt dans la saison (se colore en hiver).
Caractéristiques : supporte le piétinement et l'ombre.
Soins : préfère les terres fraîches et riches ; supporte les coupes très courtes (4 cm).
Usages : pour gazons tous usages et de sport, y compris ombragés.

Pâturin annuel *(Poa annua)*

Aspect : disposition toute en largeur ; annuel à pérenne ; rebouche les trous ; touffes basses avec pousses rampantes.
Caractéristiques : supporte très bien le piétinement.
Soins : demande de bons apports d'engrais ; ne pas le laisser se dessécher ; supporte l'ombre et les tontes très courtes (jusqu'à 3 cm).
Usages : dans les mélanges pour gazons tous usages et paysagers. Le pâturin commun *(Poa trivialis)* et le pâturin des bois *(Poa nemoralis)* sont fréquents dans les mélanges pour gazons ombragés.

Les mélanges de semences

Alors qu'autrefois les spécialistes débattaient longuement à propos de la variété unique idéale, on sait aujourd'hui de manière incontestable qu'il est préférable de mélanger les variétés pour obtenir une jolie pelouse régulière.
Les caractéristiques des différentes herbes se complètent afin de mieux combattre les facteurs qui affectent un gazon, par exemple la chaleur et la sécheresse, le passage régulier de piétons ou les maladies. C'est pourquoi il est utile de résumer les caractéristiques précises en fonction de chaque objectif (voir tableau de la page précédente).

Mélanges spéciaux

Les mélanges regroupent des semences dans des proportions diverses, selon les destinations des pelouses :
Parcours de golf : agrostides et fétuque rouge, pâturin des prés et ray-grass pour les zones de départ et les practices.
Parkings : fétuque rouge, pâturin des prés et ray-grass, et aussi fétuque élevée (*Festuca arundinacea*, qui supporte bien la circulation et la chaleur).
Toitures : agrostide rouge, fétuque rouge, fétuque ovine, flouve odorante *(Anthoxanthum odoratum)*, pâturin des prés et pâturin comprimé *(Poa compressa)* qui supporte chaleur et sécheresse, et d'autres variétés d'herbes.
Biotopes : pour les surfaces de verdure extensives, les mélanges sont souvent dans des proportions de 70/30 selon les usages et les types de sols.
Pour les **gazons ombragés** (voir page 10), il existe des mélanges qui supportent l'ombre avec de la fétuque rouge, de la fétuque ovine fine et des agrostides, ou encore toutes les poacées *(Poa supina, P. annua, P. trivialis, P. nemoralis)* et le ray-grass, toujours présent.
Dans les mélanges pour **gazons de rocaille**, on trouve aussi du ray-grass et des poacées mélangés à des fétuques qui supportent la sécheresse.

Selon les objectifs poursuivis, il existe divers mélanges de semences qui se différencient selon les producteurs. Voyez auprès d'un professionnel le type de mélange qui convient le mieux.

Souvent, les herbes pour gazon d'ornement font partie de la famille des variétés à touffe dense (à gauche). Les variétés d'herbe à gazon s'étendent par stolons apparents ou souterrains (à droite).

Autres solutions

Bien qu'il existe des variétés de gazon pour tous les types de sols et de destinations, on a parfois envie, pour des raisons de style, d'avoir un espace non engazonné ou du moins pas seulement couvert d'herbe verte.

Le gazon fleuri réunit pâquerettes, pissenlits, bugles rampants et d'autres variétés courantes de fleurs appréciées pour former un tapis coloré.

Pelouses fleuries ou prés d'herbes

Lorsqu'on préfère une pelouse à l'allure naturelle, mais que par ailleurs il faut réserver un espace de jeux pour les enfants, il existe un bon compromis : on tond assez souvent pour des raisons de commodité d'utilisation de la surface et de manipulation de la tondeuse, mais pas très court ; le résultat est un pré herbu ou une prairie fleurie. Ils ne demandent pas de soins aussi intensifs qu'un gazon tous usages ou un gazon d'ornement, mais on peut y marcher et y jouer. La prairie fleurie a besoin d'herbes robustes et de fleurs communes des champs. Selon les lieux, les pâquerettes, les pissenlits, les trèfles, le plantain, les boutons-d'or et les véroniques se plantent tout seuls. Ce type de pelouse convient bien à un jardin naturel et donne un cadre moins formel aux plates-bandes de fleurs.

Variétés pour les prés d'herbes

Herbes
- Fétuques diverses
- Herbes de pâture
- Ray-grass

Fleurs et autres herbes
- Achillée
- Bouton-d'or
- Brunelle
- Bugle rampant
- Coronille
- Crépis
- Gaillet
- Girofle des prés
- Lierre terrestre, autres lierres
- Marguerite
- Mousse
- Pâquerette
- Pissenlit
- Plantain
- Thym
- Trèfle
- Trèfle cornu
- Véronique

Le hasard ou la culture ?

Il est possible de planter des mélanges de graines naturelles. Il existe par exemple des mélanges pour prairie qui contien-

nent 5 à 10 % de graines d'herbes des prés en plus des semences de gazon, et qui ont les mêmes caractéristiques d'endurance et de nécessité de tonte. La densité de semences doit être de 5 g/m². Les variétés qui coûtent plus cher ou qui sont rares dans de tels mélanges tout prêts peuvent être semées séparément.
Il existe également des mélanges qui contiennent entre autres primevères, violettes odorantes et géraniums, et que l'on peut semer soit en même temps que la pelouse, soit sur un gazon déjà existant.
Le gazon est spécialement joli lorsqu'on a pris la précaution de planter en automne des bulbes qui fleurissent au printemps, qui s'installent et redeviennent sauvages. Perce-neige, nivéoles de printemps, ellébores, muscaris et narcisses, mais aussi colchiques d'automne constituent quelques points qui attirent l'œil (voir page 36).

Prairies fleuries

Les prairies fleuries multicolores, riches de variétés diverses, sont une délicate imitation de la nature. Par leur destination et les contraintes qui leur sont propres, elles demandent que l'on suive quelques règles de plantation et de soins. A ce propos, reportez-vous au chapitre qui commence page 81.

Différences entre pelouses fleuries et prairies fleuries

Pelouses fleuries	Prairies fleuries
• Nombre limité de variétés d'herbes et de fleurs	• Grande variété d'herbes et de fleurs
• Permettent de marcher et de jouer dessus	• De préférence sur sols pauvres en choisissant un mélange de semences bien adapté
• Tontes régulières (5 à 8 fois par an)	• Coupe à la faux ou à la débroussailleuse

Pour éveiller les sens : le gazon de senteurs

En règle générale et à la différence des prairies fleuries, on réserve les tapis de senteur aux zones de surface très limitée, par exemple sur un muret de pierre ou dans l'espace libre entre deux allées. Il est agréable de se laisser aller à respirer les parfums de ces plantes et de se ménager de petites pauses près de ces zones.

Plantes pour gazons de senteurs

Le thym serpolet *(Thymus serpyllum)*, une plante à l'aise dans nos pays, convient bien aux lieux ensoleillés et plutôt secs, de même que le serpolet commun *(Thymus pulegioides)*. Dans ce type de terres, ils offrent une senteur

La camomille romaine pousse sans exigences et peut constituer d'agréables tapis de senteur fruitée.

Le parfum caractéristique du foin après la tonte est encore plus prononcé si la prairie contient de la flouve odorante *(Anthoxanthum odoratum)* ou de l'avoine odorante, herbe sainte ou à bison *(Hierochloe odorata)*.

très caractéristique tout en nous réjouissant les yeux de leurs fleurs qui tiennent longuement l'été. L'inconvénient : la floraison attire beaucoup les guêpes, ce qui interdit les promenades pieds nus sur ce type de tapis de senteurs. Le thym citron *(Th. x citriodorus)* fleurit plus brièvement quoique de manière plus intensive, et a un parfum parfaitement décrit dans son nom, comme le thym-carvi ou de Corse (*Thymus* 'Herba-Barona'). A la différence du thym, la menthe pouliot *(Mentha pulegium)* préfère les sols humides et les lieux ombragés. Avec sa senteur douce, cette plante ancienne peut constituer de jolis tapis odorants, notamment sur les bords des bassins. Ses fleurs violet clair durent de l'été jusqu'en automne et il serait dommage de passer la tondeuse dessus.

Le thym se plaît sur les sols perméables et chauds. En plus de son feuillage résistant, il offre une senteur épicée tout en montrant ses jolies fleurs.

La camomille romaine *(Anthemis nobilis)*, qui est vivace plusieurs années et à feuilles persistantes, pousse vite et sans exigences particulières. Son parfum fruité est caractéristique.

Plantes couvre-sol

On peut aussi créer un tapis de verdure réussi à partir de plantes qui n'ont rien à voir avec l'herbe, notamment avec des plantes dites couvre-sol. Plantées en groupe, elles finissent par recouvrir toute la terre nue grâce à leurs pousses rampantes et leurs stolons terrestres ou souterrains. En général, elles demandent peu de soins et font disparaître les mauvaises herbes toujours indésirables.

Pour tapisser les surfaces de terre ensoleillées, il existe aussi des herbes qui poussent en touffes ; certaines variétés sont persistantes, par exemple la laîche du Japon *(Carex morrowii)* pour les endroits ombragés, l'avoine bleue *(Helictotrichon sempervirens)* ou, pour les sols perméables, la fétuque bleue *(Festuca glauca)* et la fétuque à peau d'ours ou scoparia *(Festuca scoparia)*, qui offre un joli coup d'œil même lorsqu'elle

Il est utile de penser aux espèces tapissantes pour les lieux ombragés, comme ici le lierre.

La waldsteinia se plaît à l'ombre. Au printemps, elle décore le sol de ses petites corolles jaunes.

n'est pas tondue. Inspirez-vous de la générosité de la nature : on y trouve des plantes couvre-sol qui poussent facilement dans les bonnes conditions et qui demandent peu de soins.

Lieux où l'herbe ne pousse plus
Les surfaces à problèmes sur lesquelles on ne parvient plus à faire pousser de l'herbe peuvent être semées de groupes de certaines plantes couvre-sol. Pour les endroits fortement ombragés ou ceux qui subissent la concurrence des racines des arbres, il faudra des persistantes, par exemple l'asaret d'Europe, l'ortie blanche ou le lierre. Si vous plantez sous un arbre, veillez à creuser un trou particulièrement grand afin que les racines de la nouvelle plante ne soient pas trop vite dominées par celles de l'arbre.
Le cotonéaster de Dammer *(Cotoneaster damneri)* et la rose de Sharon *(Hypericum calycinum)* peuvent être plantés en bosquets. Les sols sablonneux accepteront volontiers les bruyères (les variétés d'*Erica*) à clochettes ou à branches épaisses *(Calluna vulgaris)*, et les sols caillouteux préféreront des variétés d'orpin *(Sedum)*, de dryade *(Dryas)* et de thym *(Thymus)*.

En résumé

- Le choix du type de gazon dépend de l'aspect que l'on recherche et du lieu prévu.
- On distingue les gazons d'ornement, de sport, tous usages (universels) et paysagers.
- Les lieux ombragés ou en pente, les toits et les allées très passantes demandent des solutions particulières.
- Les gazons fleuris, herbus ou de senteur ainsi que les prairies fleuries ou les espaces couverts de plantes tapissantes sont des surfaces moins utilisables mais plus fleuries.

Plantation du gazon

Avant de vous mettre au travail, vous allez devoir passer en revue toutes les conditions de l'organisation et de la meilleure implantation de votre gazon.

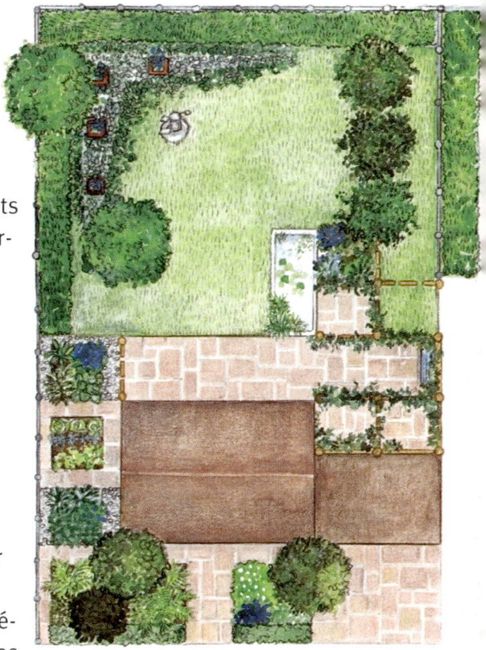

Le gazon est un élément central du jardin, il doit être pris en compte lors de l'agencement de celui-ci.

Eléments à prendre en compte

Vous allez devoir commencer par dessiner un plan. Ce schéma vous permettra de mieux appréhender les dimensions, l'agencement et les rapports de proportions entre le gazon, le bâtiment et les autres plantations.
Vous pourrez ainsi avoir un aperçu général de tous les éléments impliqués et identifier les obstacles qu'il va falloir écarter parce qu'ils rendraient par exemple la pousse ou l'entretien du gazon difficiles. Il s'agit entre autres des arbres, des allées ou des plates-bandes. Vous devrez aussi définir dès le départ l'usage de votre gazon : par exemple, sera-t-il une pelouse d'ornement, point central majestueux du jardin ? Souhaitez-vous pouvoir surveiller de la fenêtre de la cuisine vos enfants qui joueront au ballon sur l'herbe ? Voulez-vous que l'on voie une prairie fleurie au-delà des plates-bandes ?

◀ La surface nécessite une préparation soigneuse, c'est l'alpha et l'oméga de l'obtention et de la durabilité d'un beau tapis de verdure bien dense.

Dessin du plan

Prenez du papier quadrillé grand format et représentez l'ensemble de votre jardin à l'échelle 1:100 (1 cm sur papier vaut 1 m en réalité) ou mieux, 1:50. Reportez-y ensuite les éléments fixes comme les barrières et les clôtures, les bâtiments, les arbres et arbustes ainsi que les allées et les plates-bandes.
Il faut également inclure les conduites apparentes dans ce dessin. Ensuite, vous pouvez jouer avec les différentes possibilités.
Il n'est pas nécessaire de supprimer tous les arbres et arbustes de votre pelouse. Mais il faut bien savoir que chacun va représenter un obstacle lors des passages de la tondeuse. Il faudra également, si possible, regrouper les éventuelles autres plantes en îlots ; il sera beaucoup plus facile de passer la tondeuse à gazon autour de plusieurs plantes que de tourner autour de chacune.

Grandes surfaces : la technique

Quand vous réaliserez la taille de votre surface à engazonner, vous comprendrez en même temps de quel appareil d'entretien vous aurez besoin. Les bandes de gazon trop étroites sont difficiles à entretenir et ne sont pas très utiles.

Plus la surface de pelouse est grande, plus elle occupera de place et donc plus elle demandera d'entretien. A ce stade, vous savez peut-être déjà s'il est utile d'acquérir une petite tondeuse ou un appareil autotracté.

Mais il est particulièrement important de penser à une méthode d'arrosage : si vous voulez un gazon d'ornement de belle allure, il va falloir envisager d'installer un dispositif d'arrosage approprié. Le fin du fin, c'est l'arroseur escamotable.

Il faudra également faire disparaître les tuyaux et conduites sous terre avant de semer (voir page 66).

Le choix du mélange de semences

Vous choisirez votre mélange de semences à gazon sur la base des réponses aux questions suivantes :

- Quelles conditions sont réunies pour la surface à engazonner :
  - La terre est-elle lourde ou sablonneuse, acide ou basique ?
  - La surface est-elle régulière ?
  - Y a-t-il des zones détrempées ?
  - Toute la surface est-elle au soleil ou y a-t-il de l'ombre ?
  - Y a-t-il des zones particulières : pentes, toits, passages de voitures ?
- Quel style de pelouse est envisagé :
  - Doit-elle servir seulement à l'ornement ?
  - Sera-t-elle utilisée par les enfants pour jouer, ferez-vous du sport dessus ?
  - Voulez-vous réaliser un gazon odorant ou créer des structures de couleurs particulières ?
  - Allez-vous tondre cette pelouse très ras ou voulez-vous d'abord qu'elle soit facile à entretenir ?
  - La voulez-vous particulièrement naturelle et attirante pour les animaux ?

La nature du sol réduit un peu le choix, mais les semences ordinaires réussissent aussi bien sur les sols argileux que sur les terres sablonneuses. Seules les terres vraiment imperméables ou complètement détrempées posent problème : lors de la préparation de tels terrains, il faut prendre les mesures appropriées afin de favoriser au maximum la réussite du gazon (voir page 28).

Les irrégularités de terrain doivent être rectifiées. En premier

Chaque élément planté au milieu de la pelouse représente un obstacle lors de la tonte. C'est pourquoi il est préférable de se limiter à quelques îlots de fleurs.

lieu, lorsque le sol est particulièrement pierreux, il faut envisager un gazon sec de rocaille. Il existe des solutions lorsque le terrain est à l'ombre ou pour le dessous des arbres, car l'herbe ne parviendrait pas à constituer une belle moquette verte (voir page 20).
Naturellement, vous opterez pour un juste compromis quand toutes les conditions idéales ne peuvent pas être réunies. Pour favoriser le gazon à long terme, il faut parfois dépenser un peu plus.

Afin d'obtenir des zones de gazon bien délimitées et pour que les racines qui vont se développer dans le gazon soient dissimulées, on installe des palplanches de métal cachées sous la terre.

Les bordures

Il est souvent nécessaire d'installer des séparations nettes dans la terre autour des plates-bandes de fleurs et de légumes pour les isoler du gazon ou des autres plantes qui recouvrent la terre. Ces séparations offrent de plus l'avantage de renforcer toute la structure de la végétation. Elles ne sont pas indispensables. Autrefois, on jugeait très important de dresser des bordures de béton, mais, de nos jours, les plates-bandes s'entourent plutôt de rondins de bois. Les deux solutions présentent le même inconvénient : elles interdisent de passer la tondeuse sur une certaine surface de chaque côté. On se retrouve alors avec deux bandes de gazon à tailler à la cisaille ou au coupe-bordure. C'est donc une solution à éviter autant que possible.

Les séparations au ras du sol
On trouve des blocs de béton cylindriques de diverses largeurs qui s'emboîtent les uns dans les autres. Cette solution est assez bon marché et simple à installer, mais plus pratique qu'élégante. Autant mettre une rangée de briques.
Pour tenir lieu de séparation, il existe la solution de la palplanche : il s'agit d'une bande de métal qui a pour largeur l'épaisseur de la couche des racines et que l'on peut enfoncer verticalement dans le sol ; cachée, elle délimite les frontières de la pelouse.
En prévision, on peut déjà essayer, lors des projets et de l'installation, de minimiser les contacts entre plantes. Il faut aussi veiller à placer les plantes isolées au milieu de la pelouse. Lorsque les bordures sont bien installées, il y a moins de travail par la suite.

Certains spécialistes proposent des mélanges de semences pour les zones où on ne tond pas ; pour les lieux engravillonnés où une fine couche de terre suffit, ou bien pour les bordures ensoleillées et fleuries des terres lourdes.

Le bord des allées

Lorsque le gazon rencontre une allée, il s'impose automatiquement de border celle-ci de manière stable. Afin que cette bordure ne glisse pas, on peut la fixer dans la pelouse à l'aide de cales de béton. Il faut donc creuser la terre sur 10 cm de plus en largeur pour l'allée et la consolider avec une couche de fondation. Puis on installe les pavés de bordure avant de recouvrir l'allée de son revêtement et de semer le gazon.
Les pavés de béton de 5 cm de haut sont vite cachés par l'herbe si on ne les enfonce que de 2 cm plus bas que le revêtement de l'allée. Ils ont aussi l'avantage d'empêcher la propagation des racines vers l'allée.

Préparation de la zone à semer

La nature du sol a une grande influence sur la pousse du gazon. L'herbe doit trouver ce dont elle a besoin dans la terre. Voici les conditions idéales :

- Une terre perméable, mais pas trop sèche, par exemple une terre sablo-argileuse comportant une bonne proportion d'humus.
- PH-métrie neutre à légèrement acide, entre 5,5 et 7,5.

Il est utile d'alléger une terre lourde. Plus la surface à engazonner est exigeante et difficile, plus il est important que la terre reste durablement poreuse, bien aérée et humide. Elle pourra alors accueillir de belles racines et n'aura pas tendance à se détremper ni à se tasser.

Préparation du sol en profondeur

Afin de préparer le semis le mieux possible, vous devez travailler la terre au moins deux semaines auparavant. Car il lui faut tout ce temps pour se stabiliser, une fois finement griffée. Le moment le plus propice se situe au printemps, vers la mi-avril. Si l'on sème suffisamment tôt, on a le temps au cours de la même année de semer aussi un engrais vert du type moutarde jaune sur la surface préparée. Le lupin amer prévient les mauvaises herbes par sa croissance en épaisseur.

Retenir la terre

Sur les terrains en fin de chantier, il faut commencer dès la fin des travaux de construction par retenir la terre pour la répartir ensuite sur toute la surface du jardin, car c'est dans cette couche d'humus que viendra pousser le gazon. Rien de bien réussi ne pousse sur les sillons creusés par les engins de construction, parmi les gravats, ni dans un sol sans vie. Si la terre ne tient pas, il faudra peut-être envisager d'apporter une

Une rangée de petits pavés permet de délimiter harmonieusement les allées et de les stabiliser, tout en constituant une bordure facile à tondre pour les plates-bandes.

grande quantité de terre correcte. La terre très compacte ne se laissera pénétrer qu'à condition d'y mettre le prix (voir « Le drainage », page 28).

Le bêchage : à la main ou à la machine ?

La végétation préexistante et ses racines doivent être retirées soigneusement. Il ne faut pas croire que le travail à la motobineuse sera plus confortable : l'expérience montre que la terre aplanie sur des paquets de racines s'amalgame de manière plus compacte et que les herbes qui étaient présentes avant repoussent par la suite. Mais la motobineuse peut faciliter le travail sur les terres nues au départ. Vous pourrez donc parfois avoir recours à la machine, mais attention : mettez des bottes de travail et un casque de sécurité, c'est indispensable ! Ce travail de la terre doit être suivi de quelques coups de bêche, car il est souvent utile de retourner en profondeur une surface qui vient d'être désherbée. Mais il ne faut faire ce travail que sur une terre sèche, manuellement, à l'aide d'une bêche ou d'une fourche.

Pendant ce travail, vous devrez également retirer les pierres et les entrelacs de racines, les chardons et aussi les grosses racines profondes comme celles des pissenlits.

Apport d'additifs équilibrants

Comme nous venons de le dire, rien ne pousse dans un sol sans vie. Il est temps d'apporter à la terre les additifs nécessaires pour équilibrer le sol. L'analyse de la terre vous donnera des indications détaillées, mais vous apprendrez déjà beaucoup en la manipulant à la main ou en regardant les plantes qui poussent dessus.

Il faut ajouter du sable dans les terres lourdes afin que les racines du gazon puissent recevoir de la lumière même s'il pleut beaucoup. L'idéal est d'apporter du sable de quartz fin et lavé (graviers) de 0 à 2 mm de grosseur et d'en mettre 10 à 25 litres au mètre carré. Il est également nécessaire d'apporter de l'humus, par exemple sous la forme de compost ou d'écorces décomposées. On peut améliorer la consistance de la terre par un apport en chaux. Il existe en outre dans les magasins des mélanges pour substrat peu onéreux faits d'humus et de sable qui conviennent aux surfaces neuves comme à l'amélioration de la terre.

Un motoculteur est destiné aux grands jardins. Ici, il faut retirer une épaisse couverture végétale.

Il faut retirer les pierres et les autres corps étrangers de la terre avant de la travailler.

Dans une terre perméable, la buse de drainage attire l'eau des alentours et la rejette plus loin.

Enfin, il est important de bien stabiliser les terres ainsi amendées par ces apports afin qu'aucune zone ne se tasse ni ne se dénivelle, ce qui ne ferait pas bel effet. Pour marquer le niveau souhaité, vous pouvez planter des piquets au bord de la future pelouse ; attachez ensuite des cordes à la hauteur désirée et vérifiez à l'aide d'un niveau à bulle que tout est bien à niveau.

Il suffit souvent d'installer de petites fosses remplies de grosses pierres puis de gravier plus fin pour drainer un sol. Ce système est économique et demande peu de travail.

Le drainage

Il est nécessaire d'installer un système de drainage lorsque les eaux ne s'évacuent pas correctement après la pluie et restent en flaques. Mais, dans les cas moins difficiles, on peut commencer par prendre d'autres mesures :

- Creusez à une profondeur de 50 cm ; il est acceptable que de fines couches de terre se dissolvent ou du moins s'émiettent ;
- Si au-delà de 50 cm de profondeur, vous trouvez encore de l'humus, disposez du gravier pour empêcher l'accumulation des eaux ;
- Ajoutez du gros sable et d'autres améliorants ;
- Semez un engrais vert à racines puissantes ;
- Organisez une pente tout le long de la pelouse.

Il n'est bien sûr pas question de laisser le jardin familial plein de trous ! Dans les petits jardins, on peut installer un drainage continu au moyen d'une légère pente. Mais cela peut poser problème en cas de sécheresse car il ne reste alors plus d'eau dans le sol.

Drainage par buses souterraines

Les systèmes de drainage par buses sont chers et sont plus utiles sur les pelouses de sport que dans les jardins privés. Ils consistent à conduire l'eau dans un ensemble de tuyaux de terre cuite ou de plastique, fendus ou troués, cachés sous la terre. Ces drains doivent être installés avant la création de la pelouse. Par la suite, cela fonctionne sans intervention ; il faut juste retirer les mottes de gazon puis les remettre en place.

Préparation du sol en surface

Une fois le drainage et la préparation du sol en profondeur terminés, on peut passer à l'émiettement des mottes et à l'homogénéisation de la terre en surface. Il faut à présent niveler la terre pour avoir une surface plane. Les dénivelés légers sont naturellement possibles, mais il faut éviter les différences nettes de niveau car les eaux de pluie s'installeraient dans les creux. Le travail au râteau permet une nouvelle fois de retirer les objets indésirables comme cailloux, tessons de verre, restes de racines et mauvaises herbes poussées récemment.

Humus et fumier sont mêlés de manière homogène. Puis on aplanit grossièrement la surface.

On obtient une planéité parfaite à l'aide d'un niveau à bulle et d'une longue planche.

Dès qu'on a réussi à obtenir une surface lisse, on passe à nouveau le dos du râteau pour égaliser la surface en finesse. Vous pouvez terminer par un rouleau de 60 à 80 kg. A la fin, plus personne ne doit marcher dessus avant les semis, car il ne s'agit plus d'une friche.

Les semis étape par étape

Le meilleur moment pour semer du gazon ou une prairie est la fin du printemps, car il fait déjà assez chaud et la végétation ne souffre pas encore de sécheresse. De plus, l'herbe a tout le temps de s'acclimater et de réunir des forces avant l'hiver. Sinon, on peut choisir de semer à la fin de l'été (jusqu'en octobre), surtout dans les régions à climat sec. La température ne doit pas descendre en dessous de 0 °C pour que l'herbe lève régulièrement. Du reste, il est recommandé de semer par une journée sans vent et par temps sec, car si la terre était humide les semences colleraient dessus et ne se répartiraient pas régulièrement. De plus, elles risqueraient d'être déplacées par les eaux.

Prêt ? Semez !
La terre doit être bien stabilisée, comme nous l'avons expliqué au chapitre précédent. Le lissage de la surface n'est pas seulement esthétique, il permet aussi un meilleur taux de levée des semences.
Le bien-fondé de l'apport d'engrais dès le départ est toujours sujet à controverse, notamment à cause du risque de brûlures dues aux engrais minéraux (voir page 32).

Profondeur et densité des semis

Attention, n'utilisez que de la semence fraîche ! Si vous tenez absolument à utiliser des restes ou des paquets anciens, ne vous étonnez pas d'obtenir en retour une pelouse clairsemée. La répartition des semences doit être conforme aux instructions de l'emballage. En général, il faut entre 10 et 30 grammes de semences au mètre carré, selon la grosseur et le

Pour obtenir un gazon bien dense, il faut absolument utiliser des semences fraîches.

Le semoir sur roues facilite la régularité de la dépose des semences qui sont très fines.

Il faut ensuite faire pénétrer les semences. Cependant, les graines ne doivent pas s'enfoncer au-delà de 1,5 cm.

poids des variétés du mélange. En gros, cela correspond à une poignée.

Les semoirs

Alors que les semailles à la main supposent un certain savoir-faire, l'épandeur – ou semoir – permet une répartition régulière des semences. Il suffit d'un simple bac sur roues, qui peut également servir à épandre les engrais. Les grands semoirs professionnels à moteur sont également parfaits pour répartir les semences et les enfoncer grâce à leur rouleau. Mais il n'est pas utile d'acheter ce genre d'appareil pour ne l'utiliser qu'une fois ; on peut en louer dans certaines jardineries. Renseignez-vous.

Bien tasser la terre

Juste après les semis, il est nécessaire de faire adhérer les graines à la terre, sinon elles s'envoleraient, se dessécheraient ou seraient noyées. Il faut donc s'organiser pour les enfoncer à environ 1,5 cm de profondeur dans la terre. Mais ces graines très fines doivent rester à l'horizontale. Les semences ne germeraient pas bien si elles étaient enfoncées plus profondément, surtout les ray-grass qui sont très sensibles à ce problème.

Pour finir les semis, il faut donc recouvrir les graines d'une fine couche de terre. Si vous n'avez pas de semoir avec rouleau intégré, il va falloir tasser les graines.

Si vous ne disposez pas de rouleau, vous pouvez faire ce travail avec le dos d'une pelle, ou vous bricoler des semelles que vous fixerez à vos pieds pour vous permettre de tasser la terre en la piétinant.

Vous devrez ensuite arroser copieusement la terre semée. Autant il était nécessaire que la terre soit sèche avant de semer, autant il faut maintenant instal-

Le passage du rouleau à gazon permet d'enfoncer régulièrement les semences.

Vous pouvez faire le même travail avec des semelles de ce type.

ler un arroseur oscillant et le laisser envoyer suffisamment d'eau pour que la terre soit bien humide, mais sans être trempée. Si toutes les conditions sont réunies, vous verrez pointer les premières pousses en une dizaine de jours.

Pelouse interdite !

Dès ce moment, il faut veiller autant que possible à ne pas pénétrer sur la surface qui vient d'être semée de gazon, et ceci jusqu'à ce que l'herbe ait fini de lever et présente un vert dense partout. Pour marquer cette interdiction, délimitez la surface interdite, de préférence à l'aide de ruban blanc et rouge, mais une simple corde fera tout aussi bien l'affaire.

Il peut s'avérer utile de poser un filet sur toute la surface ensemencée afin que celle-ci ne soit pas abîmée par les animaux. Les chiens n'ont rien à y faire ni à trouver. Souvent, les oiseaux confondent ces précieuses semences avec une aubaine de nourriture et laissent des traces de leur passage. Les chats ne sont pas non plus les bienvenus, eux qui prennent le délicat lit de semences pour litière... Il est possible d'éloigner chiens et chats à l'aide d'un répulsif non toxique, disponible dans les animaleries.

Après les semailles, il faut maintenir la terre humide pendant une semaine. En cas de sécheresse, il est bon d'installer un arroseur oscillant et d'arroser suffisamment pour humidifier la terre.

Si les bonnes conditions sont réunies, on voit apparaître les premières pousses vertes au bout de dix jours.

Les semaines qui suivent les semis

Veillez à ce que les semences ne soient pas desséchées dans les six semaines qui suivent les semis. Sur de petites surfaces, on peut étaler une toile qui favorisera la germination en maintenant la chaleur tout en faisant de l'ombre.

Choisissez pour l'arrosage un accessoire à orifices fins, afin d'éviter que le sol ne soit détrempé par les jets d'eau et qu'elle ne forme pas de sillons d'écoulement. Au bout de deux semaines, la plupart des semences ont germé ; par la suite,

toute la terre se recouvre de verdure.
Au bout de cinq à six semaines, il faut arroser quand il n'a pas plu depuis quatre ou cinq jours.

La première tonte

La première tonte que l'on pratique sur une pelouse neuve est de grande importance pour obtenir une belle densité de verdure. Il faut attendre que l'herbe fasse de 8 à 10 cm de haut et la tondre à 6 cm. Peu à peu, les tontes pourront se rapprocher de la hauteur souhaitée. Pour un gazon d'ornement parfait, on peut tondre dès 6 cm de hauteur d'herbe pour revenir à 4 cm. Vous ferez ce travail par temps sec exclusivement, sinon les roues laissent de vilaines traces sur le sol et sous les plantes.
Enfin, il faut ratisser l'herbe tondue, à moins qu'elle ne soit recueillie dans le bac de la tondeuse. Les résidus de tonte laissés sur place pourraient vite amener l'herbe à se putréfier et laisser s'installer des maladies dues aux champignons dès le jeune âge de la pelouse. A ce stade, les tondeuses broyeuses ne sont pas recommandées.

Veillez à ce que les lames de votre tondeuse soient parfaitement aiguisées pour la première tonte. Une lame émoussée arracherait les racines de cette toute jeune herbe en la coupant.

Prudence avec l'engrais !

A la première tonte, il faut combattre efficacement les mauvaises herbes qui ont germé. Avant tout il faut stimuler la croissance des touffes et des rejetons afin que les cicatrices de coupe se referment plus vite. L'apport d'engrais azoté soutient efficacement ce développement souhaitable. Mais il faut faire attention : on risque de brûler les racines et les tiges des jeunes brins d'herbe par de trop fortes concentrations d'engrais et d'obtenir l'effet contraire à celui que l'on recherche. Mettez donc la juste dose d'engrais et arrosez copieusement après !
Une autre solution consiste à apporter, environ six semaines après les semis, une fine couche d'humus sans désherbant qui va nourrir régulièrement et aider les racines à se renforcer.
Puis ce sera le moment de retirer les cordes de clôture. Toutefois, il faut préserver la pelouse pendant les six premiers mois, surtout quand le sol est humide. Vous pourrez ensuite en profiter pleinement.

Après les semailles, il ne faut mettre l'engrais qu'avec précaution afin de ne pas brûler les racines.

Semis de regarnissage

Il arrive parfois que la pelouse ne pousse pas de manière aussi dense que voulu. La semence n'était peut-être pas très fraîche ? Les animaux l'ont-ils dérangée ? La terre s'est-elle déplacée ? Souvent, on ne parvient pas à savoir pourquoi. En revanche, on voit clairement qu'il reste des endroits nus ou clairsemés. On peut négliger ces petits défauts, car au cours des mois suivants les petits trous se rempliront d'eux-mêmes. Mais il faut s'occuper des plus grands et ressemer.
Selon les possibilités, il vaut mieux prévenir le mal et suppri-

mer les causes des problèmes par la suite. Cela conduit, par exemple, à prendre de la semence fraîche, à ressemer les espaces nus ou clairsemés, à remettre à niveau les surfaces trop tassées ou à poser des barrages de toile. Avant les semis de regarnissage, il est nécessaire de remettre soigneusement à niveau la terre des trous à l'aide d'un râteau. De même, en enfonçant les nouvelles semences, tenez compte des herbes déjà levées. Il faudra naturellement maintenir un niveau d'humidité correct sur les zones concernées, et les traiter comme lors des premiers semis.

Urgences : rouleaux et mottes précultivés

Il en est pour le gazon comme pour toutes les autres variétés de plantes, nous ne sommes pas obligés de semer pour en avoir : on peut l'acheter déjà cultivé. Cependant, il faut suivre une certaine méthode pour obtenir une belle moquette chez soi.

Les rouleaux : une moquette verte à dérouler

L'invention de la pelouse en rouleau permet agréablement et surtout rapidement de transformer en quelques heures une friche poussiéreuse ou boueuse en une oasis verte. Mais cette rapidité a son prix : les rouleaux de gazon destinés à couvrir une certaine surface coûtent beaucoup plus cher que le mélange pour ensemencer la même surface. Par ailleurs, si on compare les dépenses totales, la différence se relativise ; les équipements nécessaires et les arrosages réguliers demandent beaucoup de travail et de temps. En règle générale, il est conseillé de réserver l'usage de rouleaux de gazon à certaines circonstances particulières :

- Après la construction, quand il faut « meubler » immédiatement la terre.
- Pour réparer rapidement les dégâts, par exemple à l'occasion d'une fête dans le jardin.
- Quand les enfants, le propriétaire et les autres utilisateurs s'impatientent.
- Et surtout quand le terrain est en pente prononcée.

Les rouleaux de gazon sont disponibles par quantités commodes à manipuler. Après une préparation adéquate du sol, ils se déroulent facilement et s'installent aussitôt.

Fabrication et transport

Les rouleaux sont produits dans des entreprises spécialisées, sur des surfaces gigantesques, et sont disponibles à toutes les saisons. Les variétés faites d'herbes et de graminées de grande qualité garantissent

Il est primordial d'avoir bien préparé le sol avant de dérouler les rouleaux côte à côte et de les installer.

Le gazon prêt à poser apprécie lui aussi un bon passage de rouleau.

presque toujours d'avoir au bout d'un an une moquette verte sans mauvaises herbes et de belle épaisseur. Il est nécessaire de prodiguer les meilleurs soins grâce à l'arrosage, à l'apport d'engrais et à des tontes régulières. Il faudra tondre ce gazon à 1,5 à 2 cm afin que le réseau de racines tienne bon. Pour des raisons de commodité, les rouleaux font de 40 à 50 cm de large pour 1,50 à 2 m de long ; on peut ainsi les transporter comme des tapis. Mais, sous cette forme facile à transporter, il peut s'échauffer, pourrir ou mourir de soif. Il est donc vital de le dérouler le plus vite possible. Le mieux est de le laisser chez le producteur jusqu'à la date où vous pouvez le dérouler chez vous. Lors du transport, veillez à ne pas superposer trop de rouleaux les uns sur les autres. Si vous ne pouvez pas les mettre en place dans votre jardin moins de 36 heures après le transport, il faut les dérouler à l'ombre et les maintenir humides.

Préparation du sol

Il est nécessaire de préparer la terre pour la pose des rouleaux de gazon de la même manière que pour semer. Cela suppose de retirer les mauvaises herbes et les corps étrangers, de bêcher et de ratisser, de stabiliser la terre et de la lisser en surface. Il est au moins aussi important que lorsqu'on sème de rendre la surface de terre la plus régulière possible, car s'il restait des irrégularités, elles prendraient par la suite des proportions trop visibles.

L'apport d'un engrais spécial gazon ajouté en surface à 40 grammes au mètre carré soutient la pousse et la croissance.

La pose de gazon tout prêt

Commencez si possible par dérouler le premier rouleau au bord du plus grand côté de votre jardin, ce qui minimisera les chutes sur les autres côtés. Pressez bien sur les bandes de manière régulière au fur et à mesure.

On travaille en allant vers l'avant, ce qui veut dire que l'on ne touche pas à la surface de terre nue et que l'on opère depuis les zones déjà recouvertes. Afin de ne pas laisser de traces ni de trous, on peut s'installer sur une planche.

Posez les panneaux exactement bord à bord sans laisser de joint visible entre deux. Posez les bandes suivantes, non pas fin de rouleau contre fin de rouleau, mais en intercalant.

Quand les bords ne sont pas absolument perpendiculaires, recoupez ce qui dépasse à l'aide du bord tranchant d'une bêche ou avec un gros cutter. Lorsque les bouts de bande doivent être arrondis, prenez un tuyau pour vous servir de modèle et donner la forme. Entreposez les chutes à l'ombre et arrosez-les au besoin afin de vous en servir pour les petits espaces ou, plus tard, pour reboucher des parties abîmées. C'est beaucoup de travail, mais, tout de suite après le

Les bandes se coupent à ras à l'aide d'un cutter. On peut se servir des chutes pour combler des trous épars.

rebouchage, le résultat est là. Pour favoriser l'enracinement et la croissance en surface, on peut auparavant ajouter du sable lavé (gravillon, 0 à 2 mm) dans les trous éventuels.
Ensuite, afin de favoriser le meilleur contact entre les rouleaux et la terre, passez le rouleau perpendiculairement aux bandes de gazon.
Enfin, s'il pleut fortement ou si, dans les 15 jours qui suivent la pose, il ne souffre pas de sécheresse, le gazon prêt à poser pousse très vite. Dès la fin de la première semaine, vous découvrirez de nombreuses racines si vous soulevez un échantillon. Mais ne laissez pas ce tapis de verdure s'assécher au cours des 8 semaines qui suivent, si vous ne voulez pas le mettre en danger.
Les mottes de gazon s'utilisent de la même manière. Naturellement, au lieu de le poser vous-même, vous pouvez faire poser le gazon tout prêt par les entreprises de jardinage.

La première tonte
A moins qu'il n'ait été endommagé lors du transport ou de la pose, s'il ne souffre pas de sécheresse, le gazon en rouleaux pousse sans cesse. Il faudra déjà le tondre environ une semaine après sa pose et ne pas le laisser dépasser 8 cm de haut. Comme les mottes de ce gazon ne sont pas encore bien enracinées, il faut tondre avec la lame la plus acérée possible et passer la tondeuse perpendiculairement aux bandes.
Par la suite, il faut bien observer ces conseils et toujours veiller à ne pas laisser le gazon se dessécher. Au bout de cinq à six semaines, on peut espérer que l'herbe ait des racines d'une dizaine de centimètres et qu'elle soit bien accrochée au sol. Dès ce moment, selon l'emploi de la pelouse, on peut passer à des soins normaux pour ce qui concerne l'arrosage et l'apport d'engrais.

Les mottes de gazon

Les professionnels produisent des rouleaux de gazon prêts à dérouler sur de grandes surfaces de terre. Mais on trouve aussi des mottes de gazon très simples à utiliser, pour reboucher des trous ou réparer les endroits abîmés, par exemple pour remplacer un arbre déraciné ; on répare alors la pelouse par l'ajout de quelques mottes d'herbe.
Si vous disposez d'une surface de gazon bien dense, exempt de mauvaises herbes et qui n'est pas absolument nécessaire sur place, vous pouvez en découper un morceau de la taille voulue,

Pour réparer les trous isolés, rien de tel que les « rustines » vertes !

assez profond pour que la partie vitale de la couche de racines reste complète. En général, ces mottes sont bien plus épaisses que les rouleaux de gazon produits par les professionnels. Elles sont donc plus lourdes, mais on a de bonnes chances de réussite car la surface qui a besoin d'être réparée est petite. La pose et les soins suivent les mêmes principes que pour les rouleaux.

Le gazon cultivé en pépinière

Il est beaucoup plus coûteux de planter de jeunes touffes d'herbe cultivées que de poser des rouleaux de gazon. Cette méthode permet d'obtenir un gazon épais très vite, mais pas aussi vite qu'avec les rouleaux. Il y a surtout des graminées comme l'agrostide stolonifère *(Agrostis stolonifera)* et l'agrostide des chiens *(Agrostis canina)* dans ces plants, qui constituent rapidement un tapis bien dense grâce à leurs stolons rampants et à leur manière de pousser en largeur en s'étalant sur le sol. On ne tond que de temps en temps ce type de gazon qui a tendance à s'entremêler et qui convient moins bien en pelouse d'ornement.

Les îlots fleuris

Même si elle est conçue pour constituer un tapis de verdure, la pelouse ne doit pas rester sans fleurs. L'une des possibilités, la pelouse fleurie – ou gazon japonais –, est traitée à part dans un chapitre (voir page 18). Les semences appropriées aux pelouses fleuries se sèment exactement de la même manière que pour les pelouses d'herbe seulement. On peut se permettre d'être plus négligent dans l'arrachage des mauvaises herbes, car elles sont plus ou moins bienvenues. L'apport d'engrais ferait plus de mal que de bien.

Fleurs et herbes vivaces du gazon

Si elles n'étaient pas incluses dans le mélange de semences du gazon, on peut semer plus tard des plantes adaptées aux pelouses. Il faut toutefois respecter le principe suivant : ne mettre dans la pelouse que des variétés sauvages qui auraient pu se semer naturellement toutes seules et dont on apprécie les fleurs. En règle générale, ces plantes ne donneront pas

Si on le souhaite lorsqu'on en a la place, on peut laisser des endroits non tondus sur lesquels viennent s'épanouir des marguerites et d'autres fleurs de prairie.

Les bulbes de printemps doivent être plantés de manière éparse dans le gazon, sans régularité.

En récompense de l'effort d'avoir planté les bulbes à l'automne, on voit fleurir au printemps ce joli tapis de crocus à l'allure naturelle.

trop de mal au jardinier : on les laisse faire leurs fleurs sans les tondre à tout prix. La plupart de ces plantes se propagent de manière persistante par stolons et ont besoin pour pouvoir fleurir que leur tige soit déjà assez haute ; c'est le cas des grandes marguerites par exemple. Lorsqu'on ne tond pas les zones de pelouse adéquates, elles constituent facilement ce type d'îlots. La sauge des prés est un bel exemple des sols pauvres et acides. En observant les variétés de plantes qui poussent sur votre pelouse, vous saurez facilement quelles zones réserver pour ces îlots que vous ne tondrez pas. Par exemple, les marguerites offrent leurs simples et jolies fleurs dès le début de l'été et jusqu'en automne, à condition de les laisser pousser.

Les bulbes de printemps

Les bulbes permettent de procéder de manière très précise : vous plantez exactement ce que vous souhaitez, c'est vous qui choisissez les couleurs, les périodes de floraison et l'emplacement exact des fleurs. Lorsqu'une variété de ces plantes ne profite pas bien, elle redevient sauvage, ce qui renforce l'effet naturel. La période de floraison est essentiellement le printemps. Il s'agit d'abord des perce-neige *(Galanthus nivalis)*, des crocus *(Crocus tommasinianus, C. sieberi)*, des nivéoles de printemps *(Leucojum)*, des « gloires des neiges » *(Chionodoxa)*, des scilles *(Scilla)*, des muscaris *(Muscari)*, des narcisses *(Narcissus poeticus)* et des tulipes. Deux variétés de la même plante ornent les jardins au printemps et à l'automne : les crocus et les colchiques. A l'exception des colchiques dont les bulbes doivent être plantés au début du printemps, il faut planter tous ces bulbes à l'automne, entre fin août et la mi-octobre. La plantation de ces bulbes dérange à peine la pelouse.

La disposition bien régulière des fleurs sur une pelouse, comme on le fait pour les légumes, paraît tout à fait artificielle et manque de naturel. Prenez vos bulbes dans la main et laissez-les tomber n'importe où sur l'herbe. Si vous les plantez là où ils sont tombés, l'effet sera très naturel et réussi.

Attention : afin de laisser les bulbes se renforcer après la floraison, ne tondez pas leurs feuilles tant qu'elles ne sont pas fanées.

Plantation en groupe

Les plantes font toujours plus d'effet quand elles sont plantées par groupes. Mais il faut souvent se limiter à une ou deux variétés. Choisissez un lieu précis, par exemple devant une clôture, devant un groupe d'arbustes, sous un arbre ou le long d'une allée. Pour planter de manière dense dans un espace réduit, retirez soigneusement les mottes de gazon de la surface et mettez les bulbes en terre. La règle veut qu'on les plante à une profondeur du double ou du triple de leur hauteur. Pour les perce-neige et les crocus, ce sera environ à 3 à 5 cm, pour les nivéoles et les jacinthes à 5 à 8 cm et pour les tulipes et les narcisses à 12 à 15 cm.

Il est également facile de planter ces bulbes un par un, à l'aide d'un plantoir spécial. Mais, après avoir planté de cette manière, il faut soigneusement remettre en place la motte de gazon retirée. Les trous de plantation doivent être rebouchés avec de la terre, puis vous remettrez les mottes de gazon en place et arroserez copieusement. Si le temps est sec dans la période qui suit la plantation, arrosez afin de favoriser la floraison.

Petit-déjeuner parmi les narcisses ? Il n'est pas difficile d'obtenir ce décor poétique sans pour autant être un jardinier émérite.

Les soins

Si tout a été bien fait, vous pouvez espérer avoir des fleurs dès la première année. Il faut couper les fleurs fanées des jonquilles et des tulipes après leur floraison. En revanche, ne tondez surtout pas les feuilles tout de suite, car les bulbes qui se renforcent grâce aux feuilles ne fleuriraient plus. Au contraire, évitez de tondre les secteurs plantés de bulbes jusqu'à ce que les feuilles soient fanées et disparaissent.

Gazon de rocaille

Cas particulier des rocailles : sur cette terre sèche et pauvre, il faut de petites merveilles comme la sauge des prés. La terre est tout de suite plus solide.

Les gazons de rocaille ou gazons secs se différencient des pelouses ordinaires par leur terre pierreuse, ce qui les rend pauvres et perméables. La rocaille permet l'échange des gaz entre la terre et l'air et laisse s'écouler les eaux de pluie rapidement, c'est pourquoi les plantes doivent pouvoir supporter la sécheresse. On a donc besoin dans ces lieux d'un ensemble d'herbes sèches. Le choix est réduit mais, en compensation, la surface concernée supporte le passage et, si elle est bien stabilisée et damée, elle subira sans dommage la circulation de véhicules, à condition qu'elle ne soit pas trop fréquente.

Installation

Il est facile d'installer un gazon de rocaille, qui devient le chouchou des jardiniers professionnels, surtout sur les terres fermes.
Il faut bien damer la terre après l'avoir retournée. Si elle est très humide, il est nécessaire de la couvrir d'une couche de molleton afin que le sous-sol humide n'interfère pas avec le dessus. La couche de terre du dessus comprendra du gravillon de 32 à 45 mm, pouvant aller jusqu'à 63 mm. Il faut que l'épaisseur soit d'au moins 10 cm, si les circonstances le permettent jusqu'à 30 cm, car plus elle est épaisse, plus elle reste stable. Si cette couche est épaisse, il est recommandé de poser un support dans plusieurs endroits et de remplir les espaces intermédiaires avec un substrat fin. Vous mélangerez le gravillon avec 10 à 25 % de terre de jardin ou d'humus afin que les plantes puissent germer. Le bon vieux terreau à plantes fleuries du commerce a fait ses preuves.

Rocailles en terrasses

Les constructions sur plusieurs niveaux avec projets de conduites d'eau et allées de gravillons demandent un investissement plus important. Mais elles augmentent la charge utile, ce qui peut s'avérer nécessaire surtout si la terre est très lourde ou s'il y a beaucoup de passage et de circulation.
Dans ce cas, après avoir creusé, il faut constituer une couche porteuse en remplissant le trou de gros matériaux, de préférence du gravier ou du gravillon de 0-32, jusqu'à 0-50. L'épaisseur

Pour construire une rocaille simple, une couche de 10 cm d'épaisseur de terre caillouteuse suffit. S'il faut augmenter la puissance porteuse, il faut prévoir d'installer une couche de fondation plus résistante dessous.

de cette couche porteuse varie selon l'utilisation et la nature de la terre : une allée piétonne sablonneuse nécessite 10 cm d'épaisseur, une allée de garage sur terre meuble demande 40 cm. On peut à la rigueur improviser avec de la brique cassée, des gravats ou des pierres. Ensuite, stabilisez cette couche porteuse en ajoutant du gros sable ou du gravillon de 3-8, et arrosez les interstices pour bien stabiliser l'ensemble.

Un rang de gros pavés ou de briques hollandaises ou bien deux ou trois rangs de petits pavés permettent de finir la rocaille de manière régulière. Il est généralement nécessaire de les étayer par des renforts de béton sur les côtés.

Puis vient s'ajouter la couche de terre, qui est faite de gravillon mêlé d'humus. Cette couche doit faire un minimum de 5 cm d'épaisseur.

Habitant typique des gazons secs et pauvres : le *Géranium oxonianum*. Il pousse sans problème sur les toits de verdure et dans les lieux aménagés.

La couverture végétale

Beaucoup de variétés annuelles se sèment toutes seules, ainsi que des herbes annuelles. Dans les mélanges de semences, on trouve parmi les plus jolies variétés la petite pimprenelle *(Sanguisorba minor)*, la véronique germandrée *(Veronica teucrium)*, le brome *(Bromus)*, l'amourette *(Briza)* et la sauge des prés (*Salvia pratensis*).
Il faut bien damer la terre avant de semer. Mélangez les semences à du sable pour pouvoir les répartir bien régulièrement, puis roulez-les légèrement et ar-

Avec ses hampes bleues, la véronique fleurit souvent les gazons secs et attire joliment l'œil dans les rocailles.

rosez. Il faut tondre ce gazon sec au minimum une fois par an. Pour semer, prenez un mélange ordinaire de semences à gazon, par exemple 20 % de fétuque traçante, 20 % de fétuque d'automne, 30 % de ray-grass et 30 % de pâturin, dans une quantité de 15 à 20 grammes de mélange au mètre carré. Si vous n'acceptez pas la présence de mauvaises herbes entre les pierres de la rocaille, vous serez astreint à plus d'entretien. De temps en temps, arrachez ou coupez les mauvaises herbes qui y poussent.

Gazon de rocaille fleuri

Certains producteurs proposent des mélanges spéciaux pour gazons fleuris de rocaille, pour les terrasses, parkings et allées de parking fleuries, ainsi que des semences pour pavés à engazonner. Ces mélanges consistent en 70 % de graminées et 30 % d'herbe, surtout de la fétuque ovine et deux sous-variétés de fétuque rouge. Pour une rocaille fleurie, il faut des plantes comme l'achillée, le géranium oxonianum et le géranium des prés, le serpolet, l'orpin acre et blanc, la vipérine, l'épervière piloselle, la linaire et le pissenlit d'automne. Une belle collection végétale est en général déjà bien installée dès la troisième année qui suit les semis.
Une autre solution consiste à installer un gazon sec élémentaire dans un lieu ensoleillé. Les plantes qui s'y adapteront bien sont les variétés pour prairies pauvres de terres calcaires. Il en existe une assez grande variété : brome, marguerite, aster sauvage, campanule, géranium des prés, primevère, carotte sauvage, millepertuis, chicorée, aigremoine, trèfle.
Ce gazon pourra être tondu selon les besoins et son utilisation.

En résumé

- Avant de commencer, il faut bien choisir les semences et la technique la plus adaptée.
- Les séparations de zones doivent être au ras du sol.
- Avant de semer, il faut que la terre soit meuble, perméable et de surface régulière.
- Répartissez les semences régulièrement, maintenez la terre humide 5 à 6 semaines, ne marchez pas dessus. Première tonte à 8-10 cm de haut.
- Les plantes et les bulbes permettent de constituer des îlots fleuris dans la pelouse.
- On obtient plus vite une moquette verte grâce aux rouleaux et mottes de gazon précultivés.
- Une rocaille bien étayée peut devenir allée de garage.

OHV

Tout savoir sur la tonte

Il est inévitable de devoir tondre lorsqu'on veut se servir de sa pelouse. Cela fait partie des fastidieux travaux de jardin, alors pourquoi ne pas en profiter pour en faire un moment scientifique ou sportif ? Cherchez la méthode qui vous plaît !

Rapport entre fréquence et technique de tonte

Beaucoup de jardiniers donnent l'impression qu'avoir un gazon signifie passer la tondeuse matin, midi et soir, tous les week-ends et jours fériés. La raison en est peut-être le modèle de leur tondeuse à gazon dernier cri, surtout si ces jardiniers sont des hommes. A moins qu'ils n'aiment spécialement leur pelouse et ne la souhaitent parfaite, et qu'ils ne considèrent leur tondeuse non comme un appareil à tailler l'herbe, mais comme l'instrument d'un travail de culture. Ils prennent alors souvent plaisir à arroser et à mettre de l'engrais régulièrement.
Le bon entretien d'un gazon ou d'une pelouse passe par le choix d'une tondeuse adéquate.

◀ La tonte du gazon est une corvée fastidieuse, mais elle a son avantage : elle remplace une séance au centre de fitness !

Tondeuse rotative ou hélicoïdale ?

Les tondeuses électriques et thermiques qui sont les plus répandues chez nous fonctionnent avec une **lame rotative** disposée horizontalement comme une hélice, et qui se met à tourner sur commande. Ce sont les tondeuses qui malmènent le plus le gazon. Les herbes ne sont donc pas coupées nettement, mais plutôt déchirées, ce qui entraîne un brunissement du haut des brins. On observe souvent ce phénomène. Les **tondeuses hélicoïdales ou à rouleau**, au contraire, coupent les brins d'herbe de manière nette. La coupure est minimale, cicatrise vite et n'entraîne pas de brunissement. Cela vient du fait que le rouleau est monté horizontalement sur roues et comprend en général cinq lames avec contre-lame, disposées en spirale. Ce mécanisme de coupe permet donc une taille nette et propre. Pour vérifier la netteté de la coupe, prenez une feuille de papier et passez-la

Les tondeuses à main fonctionnent avec un rouleau. Cette technique permet une coupe spécialement nette.

sur les lames. Ces tondeuses mécaniques sont les préférées des jardiniers anglais.
Il est inimaginable d'envisager un green de golf sans tondeuse hélicoïdale. Elles tondent plus court que les tondeuses rotatives ; c'est l'idéal pour les gazons de surface limitée.

Lames sensibles

L'efficacité de votre tondeuse, même bon marché, réside en premier lieu dans la qualité de son dispositif de coupe. Il est donc essentiel de bien entretenir les lames. Les premières tondeuses à gazon étaient à rouleau. Il en existe maintenant des

modèles à moteur. Pour les surfaces supérieures à 300 ou 400 m², ce n'est cependant pas l'idéal. De même, elles ne sont pas recommandées pour les herbes hautes : les tiges et les brins qui sont plus hauts que le rayon des lames ne peuvent plus être coupés proprement. Si la lame fait 16 cm de longueur totale, il faut que l'herbe ne dépasse pas 8 cm de haut.
Les corps étrangers à la terre, comme les pierres ou les jouets, risquent d'endommager les lames et de compromettre toute la tonte. Si vous vous servez de votre tondeuse sans vous en préoccuper, faites affûter la lame une fois par an ; si vous êtes soigneux, un affûtage tous

Ce gazon parfait est le type même de la pelouse de sport anglaise. On obtient cet effet avec une tondeuse à rouleau.

les cinq ou six ans devrait suffire. L'affûtage de la lame coûte relativement cher ; renseignez-vous dès l'achat. Il se peut que l'affûtage rende finalement chère une tondeuse bon marché.

Avantages et inconvénients des tondeuses à lame ou à rouleau

	Avantages	Inconvénients
A rouleau	Coupe nette et précise	Nécessité de tondre souvent
	Profondeur de coupe supérieure, cicatrices plus larges	Nécessité de retirer tous les corps étrangers du sol au préalable
	Pas de brunissement des tiges	Affûtage régulier des lames hélicoïdales
	Possibilité de bandes nettes	
A lame	Mieux adaptée aux grandes surfaces	Coupe moins nette avec brunissement des tiges
	L'herbe peut pousser plus haut.	Ne convient pas aux gazons anglais ou à bandes parfaits.
	Affûtage facile	

Les bandes de gazon anglais

Vous avez envie de ces belles bandes comme on s'émerveille d'en voir sur de nombreuses pelouses de sport ? On peut les obtenir avec une tondeuse hélicoïdale, en la passant d'abord une bande sur deux, puis sur les bandes restantes quelques jours après. On roule également les bandes pour coucher l'herbe coupée dans un sens ou dans l'autre.

Pour ou contre la tondeuse mulcheuse

Pour	Contre
Pas de ratissage ni de débarras de l'herbe tondue	Nécessité de tondre à de courts intervalles (problème du temps de loisir)
L'herbe se décompose et remplace l'engrais.	Les engrais comprenant de l'azote sont déconseillés.
La terre garde l'humidité plus longtemps.	Danger de feutrage, vulnérabilité accrue aux champignons
Ecologique et bon pour l'environnement	Plus ou moins conseillée pour les pelouses d'ornement

Les tondeuses mulcheuses

Ces tondeuses ne se contentent pas de tondre l'herbe, mais la hachent menu une fois coupée, avec une deuxième lame située dans le haut de la machine, puis la laissent retomber de manière homogène. Avantages : les résidus de coupe ne se voient pas et ne dérangent pas ; ils se décomposent vite dans la terre et contribuent à la fertiliser car ces matières organiques retournent dans le cycle de la végétation. Cela ralentit l'apparition de la mousse et permet à la terre de garder l'humidité. De plus, on n'a plus besoin de ratisser les résidus de tonte ni de s'en débarrasser, ce qui évite un travail fastidieux.
Cette technique a de plus en plus d'adeptes, et pas seulement parce qu'elle évite le ratissage ennuyeux des zones tondues. Les modèles combinés sont spécialement appréciés car on peut aussi les équiper d'un bac qui recueille l'herbe tondue.

La plupart des tondeuses permettent de monter et de démonter une deuxième lame pour la fonction mulcheuse.

Avec une tondeuse mulcheuse, les résidus de tonte sont aspirés vers le haut par un flux d'air et broyés par une deuxième lame à l'intérieur de la tondeuse.

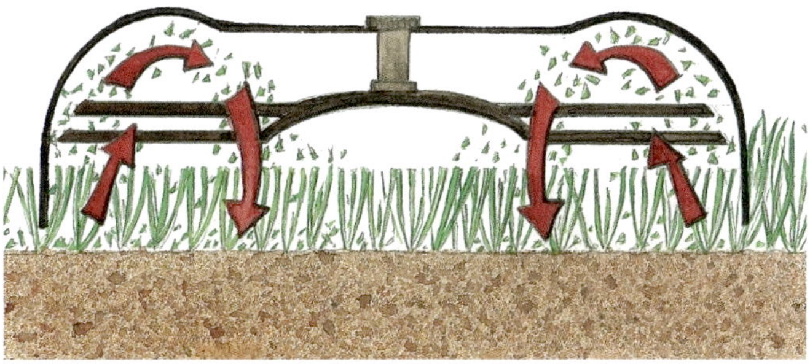

Dans tous les cas, il faut tondre plus souvent, une à deux fois par semaine, et pas trop court. Les résidus de tonte plus longs ou plus résistants ne disparaissent pas bien car ils se décomposent moins vite et peuvent accélérer le feutrage de la pelouse. De plus, l'herbe tondue reste visible au lieu de disparaître.

La capacité de coupe de la tondeuse doit être adaptée à la surface à traiter : plus elle est importante, plus la tondeuse doit être grosse.

Equipement de base de la tondeuse

Pour l'achat d'une tondeuse à gazon, le choix est de plus en plus vaste ; il existe différents types de modèles et de nombreux fabricants. Selon la fréquence à laquelle vous utiliserez votre outil de travail, cela vaut la peine de bien vous renseigner sur ses qualités et ses possibilités pour acheter ce qui vous convient le mieux. Etudiez la surface à tondre et la fréquence à laquelle vous tondrez et rapprochez ces notions des précisions réunies sur les tondeuses. Pour un gazon de moins de 200 m², il est plus simple de commencer avec une simple tondeuse à main. Si votre pelouse dépasse cette surface, vous aurez besoin d'un outil à moteur. A partir de 500 m² de pelouse, vous avez intérêt à acheter une tondeuse thermique (à essence) plutôt qu'un appareil électrique.

Vérifications utiles avant l'achat

On peut dépenser des milliers d'euros pour l'achat d'une tondeuse, surtout quand on s'adresse aux magasins spécialisés. Ces appareils sont tous conçus pour permettre de s'en servir plusieurs heures par jour pendant la belle saison. Ce critère dépasse de loin votre objectif qui est l'entretien d'un jardin d'agrément, surtout en matière de prix. Les produits actuellement sur le marché sont tous testés. Mais ces évaluations ne sont pas toujours conformes à la longue expérience des techniciens et des mécaniciens. Les bons concessionnaires permettent de faire un essai du modèle envisagé. C'est le seul moyen valable pour savoir si la manipulation et les performances correspondent aux standards annoncés.

Le bon outil

Le carter de la tondeuse à gazon peut être en aluminium, en acier ou en plastique. Ces trois matériaux sont soumis à des normes strictes concernant la sécurité de l'utilisateur. Les carters en acier sont naturellement les plus lourds.
A l'exception des tondeuses sur coussin d'air (voir page 50), les tondeuses sont montées sur roues, le plus souvent sur quatre. Il en existe sur trois roues qui sont spécialement faciles à manœuvrer. Les roues sur roulements à billes garantissent l'orientabilité et la manœuvrabilité pour longtemps. Le guidon subit également des tests de qualité et donne lieu à des différences de prix.

La largeur de tonte

Les tondeuses à main ou à lame ainsi que tous les outils de ton-

Veillez à ce que la hauteur de coupe puisse se régler facilement par l'utilisateur selon les zones à tondre.

te ont des spécificités différentes en matière de largeur de coupe.
Pour faire votre choix, examinez les éventuels facteurs qui réduisent la quantité de travail exécutée, mais avant tout considérez votre surface à tondre : plus elle est grande, plus les lames doivent être longues afin de faire le travail avec le moins d'allées et venues possible. Mais plus la surface est importante, plus il faut pousser la tondeuse, plus c'est fatigant et plus on a besoin d'un outil autotracté (voir page 53).

La hauteur de tonte

La hauteur de coupe de la plupart des tondeuses est réglable. On peut la régler à l'aide d'une commande centrale à crans ou modulable.

Il faut donc que la hauteur de tonte la plus fréquente puisse se régler facilement. Ne négligez pas ce critère, car la hauteur n'est pas réglée une fois pour toutes, il arrive qu'on ait besoin de la modifier. Attention : tous les fabricants ne considèrent pas le sol à la même hauteur ! Faites-vous expliquer les différences entre les indications de hauteurs données pour les mêmes types de pelouses.

Le bac récupérateur

Un bac ou sac récupérateur est spécialement nécessaire lorsqu'on tond souvent court. En effet, par la suite il est difficile de ratisser soigneusement une herbe qui a été coupée en tout petits brins. Les tondeuses sans bac rejettent souvent l'herbe coupée sur le côté, en longues bandes étroites qu'il est plus facile de réunir par la suite que si elle était éparse.
Lors de l'achat, il faut aussi bien regarder la manière dont s'accroche le bac et s'il est facile à retirer. Les petits bacs que l'on doit vider souvent et donc décrocher plus ou moins adroitement de leur fixation, car ils sont lourds, sont une source d'ennuis constante. Désagréable aussi, la fixation trop lâche : le bac se décroche à chaque irrégularité du terrain. Il est donc vivement conseillé de tester ces outils avant l'achat de la tondeuse dans un magasin spécialisé. Les petites annonces sont également très utiles. De toute façon, il faut s'occuper tout le temps du bac récupérateur et admettre le fait qu'il est sans cesse plein d'herbe coupée : la rapidité du travail en est inévitablement réduite.

Si vous avez peu de place pour remiser vos outils de jardinage, veillez à ce que le guidon de votre tondeuse soit pliant.

Le bac récupérateur doit pouvoir se saisir facilement et recueillir une bonne quantité d'herbe.

Les tondeuses

Dans une tondeuse à main, le rouleau est placé sur les roues motrices et se déporte vers l'avant lors de la mise en mouvement. Sur les machines modernes, l'axe est sur roulement à billes, ce qui facilite un peu le travail de la pousser. Passer ce type de tondeuse remplace efficacement quelques heures de fitness à la salle de sport.

Les moteurs à quatre temps sont ceux qui respectent le mieux les exigences en matière d'environnement.

Puissante : la tondeuse thermique

Avec leurs moteurs à essence de conception simple, les tondeuses thermiques fonctionnent sur le principe suivant : la lame est fixée directement sur un arbre vertical. A haut régime (3 000 tours/minute), la coupe est bonne même si la lame est un peu émoussée. Mais les brins d'herbe sont plus déchirés que coupés (voir page 43).
L'argument type contre les tondeuses thermiques concerne le bruit et les gaz d'échappement. Les améliorations ont permis de réduire considérablement le niveau sonore ; de nos jours, une tondeuse de moins de 50 cm de largeur de coupe ne doit pas dépasser 94 décibels. En règle générale, les modèles récents respectent largement ces critères, de nombreux fabricants étant même en avance de quelques années sur la réglementation. Les vieilles tondeuses passent du côté de l'illégalité quand la loi sur les niveaux sonores et les émissions de gaz d'échappement change.

A deux ou à quatre temps ?

La qualité du moteur, la maniabilité et le prix sont les trois critères décisifs. Une puissance de 3 kW suffit pleinement en général. Ensuite, il y a des différences sérieuses qui font passer le prix de 120 euros à dix fois plus.
Choisissez la qualité, cela en vaut la peine ; le moteur durera plus longtemps et pourra sans problème se mettre sur une nouvelle tondeuse.
Autrefois, toutes les tondeuses thermiques étaient à deux temps et fonctionnaient avec un mélange d'huile et d'essence. Elles étaient intéressantes surtout pour leur facilité d'entretien et sur les terrains en pente. De nos jours, ces moteurs sont presque réservés aux professionnels et aux outils à main.

Carburant spécial pour le moteur et l'environnement

L'essence ordinaire prise à la pompe est modifiée par l'ajout d'additifs spécifiques qui allongent la durée de vie des tondeuses à gazon, notamment des carburateurs.
Le carburant spécial pour tondeuses à gazon préserve le moteur et est aussi très intéressant pour l'utilisateur puisque les gaz d'échappement sont inodores et inoffensifs.

A lanceur manuel, électrique ou électronique : plus le moteur est puissant, plus le démarrage est facile.

C'est entre autres raisons parce que les moteurs à quatre temps sont meilleurs pour l'environnement. Ils sont plus lourds, mais font moins de bruit et rejettent moins de gaz dans l'atmosphère. Les moteurs à quatre temps fonctionnent à l'essence ordinaire et doivent être lubrifiés séparément, ainsi que vidangés.

Le bon démarrage

Le starter fait également partie des critères de qualité d'une tondeuse à gazon : les bons moteurs sont plus faciles à faire démarrer. Cela se voit évidemment sur les tondeuses à lanceur manuel, mais aussi sur celles qui ont un démarreur électrique ; celles-ci ont à côté du démarreur un accu qui se décharge très vite par temps froid et qu'il faut changer tous les deux ans.

Autre possibilité qui évite les lancements difficiles, le *quick-start*, un système qui déclenche le démarrage sur simple pression d'un bouton.

Dans ce cas, il est crucial que l'allumage se fasse dès la première tentative, sinon il faut recourir au lanceur manuel.

Peu bruyante : la tondeuse électrique

Ce sont les tondeuses les plus vendues car elles sont moins chères à l'achat. Leur largeur de coupe va de 30 à 45 cm.

Elles sont silencieuses, relativement légères et elles sont faciles à faire démarrer, à utiliser et à entretenir. De plus, elles ne libèrent pas de gaz d'échappement.

Le câble gênant

Le gros problème est de devoir tirer le cordon électrique, surtout quand la pelouse est vaste et contient des arbres et des recoins autour desquels il faut passer. A part sur les gazons tout à fait libres, les tondeuses à enrouleur de câble n'apportent pas un grand progrès ; le câble est ramené par un moteur annexe sur le côté.

C'est la présence du câble qui permet un bas niveau de décibels dans les tondeuses électriques simples, peu onéreuses. Mais, en général, elles n'ont pas de bac récupérateur.

Les tondeuses à batteries sont légères, faciles à utiliser et à manœuvrer, et elles ne sont pas reliées à un câble.

Une deuxième batterie permet de tondre plus de surface, mais augmente le prix d'achat.

La surface raisonnable qu'il est possible de tondre avec une tondeuse électrique est d'environ 300 à 600 m².

Les tondeuses sur coussin d'air sont idéales dans les terrains en pente. Si la déclivité est très prononcée, on peut attacher la tondeuse à une corde.

Les tondeuses sur batterie

La maniabilité et l'agilité des tondeuses électriques sont vite accrues quand il n'y a plus de cordon électrique. C'est possible avec des batteries, ou « accus », dont la puissance ne cesse de faire des progrès depuis quelque temps. Mais leur performance est limitée. Elles permettent de tondre 200 à 600 m² de gazon selon les modèles, après quoi il faut les retirer et les mettre 24 heures à recharger. On résout le problème avec un accu de rechange ou par une technique plus avancée, mais à un prix évidemment supérieur.

Les accus ont besoin d'un certain entretien. Il faut d'abord les charger au maximum puis les décharger aussitôt complètement. En hiver, on les protège du froid et on les entrepose chargés. Renseignez-vous notamment sur les indications du fabricant et les détails de la garantie.

Depuis quelques années, on voit apparaître des tondeuses à énergie solaire.

Elle flotte sur le gazon : la tondeuse sur coussin d'air

On se croirait en pleine science-fiction : la tondeuse glisse sans frottements sur un coussin d'air compris entre elle et le gazon, avec consommation minimale d'énergie.

Ce flottement déconcertant sur un coussin d'air est possible grâce à un ventilateur qui souffle l'air sur une surface précise et soulève légèrement la tondeuse. La motorisation (électrique ou à deux temps) doit être suffisamment puissante pour permettre et la ventilation, et la rotation de la lame.

Avec ce type de tondeuse, il ne faut pas que l'herbe soit trop haute. On ne peut régler la hauteur de tonte qu'à la lame qui se trouve sous le carter – surtout,

Les tondeuses sur coussin d'air sont particulièrement faciles à manier, mais ne conviennent pas du tout à l'herbe haute.

Avantages et inconvénients des différentes tondeuses

	Avantages	Inconvénients
Tondeuse à main	Bon marché Aucun bruit, prend peu de place, écologique Bon exercice physique	Fatigante, prend du temps Déconseillée pour les grandes pelouses et l'herbe haute
Thermique	Performante pour grandes surfaces et herbe haute Pas de câble gênant	Bruyante Gaz d'échappement Entretien coûteux
Electrique avec câble	Légère, peu fatigante Peu bruyante, sans gaz d'échappement Facile à manier Moins chère qu'une thermique	Pas aussi performante que la thermique Nécessité de veiller sans cesse au câble électrique Prend plus de temps
Electrique sur batterie	Légère, peu fatigante Peu bruyante, sans gaz d'échappement Facile à manier Pas de câble gênant	Pas aussi performante qu'une thermique Performance limitée sur grandes surfaces
Sur coussin d'air	Légère Très facile à diriger Idéale autour des arbres	Ne convient pas à l'herbe haute Hauteur de tonte plus difficile à régler

pensez à couper le courant ou à démonter la bougie ! Beaucoup d'outils coupent l'herbe avec un fil et non avec une lame. Avec cette technique, il est assez rare d'avoir la possibilité d'ajouter un bac récupérateur d'herbe tondue, à cause de son poids.

C'est pourquoi les tondeuses à coussin d'air prennent peu de place.
Un autre avantage important : elles sont légères au travail, même quand vous passez sur les pentes, et donc elles sont plus faciles à manier.

Techniques de tonte de l'herbe haute

Lorsqu'on a une prairie et non un gazon, on n'a besoin de tondre que quelques fois par an. Cela fait une énorme différence dans le choix de la tondeuse et dans la technique de coupe. On ne peut couper de l'herbe devenue haute qu'avec des tondeuses très performantes, ou alors à la faux. Il faut apprendre à pratiquer cette méthode ancestrale.

La débroussailleuse fauche les herbes hautes et permet d'accéder aux terrains difficiles.

Les faucheuses à moteur

Sinon, il existe plusieurs autres solutions techniques. L'une d'elles est la faucheuse à moteur qui permet de couper l'herbe et qui, tenue par le haut, se manipule librement grâce à son long manche. A la différence des débroussailleuses, qui coupent avec un fil de nylon, ces faux sont équipées d'une lame circulaire.
Le grand avantage de ce type d'outil vient avant tout de sa mobilité. C'est ce qu'il y a de mieux pour tailler l'herbe autour des piquets et des arbres et dans les endroits difficiles d'accès. Mais ce n'est pas l'idéal si la surface à traiter est importante.
Certaines faucheuses montées sur deux roues motrices étaient équipées de deux barres de coupe qui se chevauchaient et tondaient l'herbe devant elles, au ras du sol. Elles n'étaient pas sans danger parce qu'on ne pouvait pratiquement pas se tenir loin de l'outil de coupe ; ces outils sont de moins en moins recherchés.

Les tondeuses tractées permettent de couvrir une grande surface. Les roues à transmission permettent de monter les talus.

Le nouveau chouchou : la tondeuse débroussailleuse

Pour les remplacer, il existe maintenant la tondeuse débroussailleuse, dont les puissantes lames situées sous un carter fermé permettent de tailler une herbe à hauteur de genou et la réduisent en miettes. A l'avant, elles ont souvent une unique roue assez grosse, ce qui accroît leur maniabilité. Elles sont autotractées, ce qui facilite leur prise en main, notamment dans les talus.
Dans ces outils, la lame est entraînée par le moteur ; ainsi, les pierres et les corps étrangers qu'elle heurte sont éjectés relativement sans dégâts et elle peut venir à bout de tiges de bonne grosseur.

Le dresse-bordure électrique permet de travailler les détails de finition. Les modèles à accus facilitent le travail.

Il n'est pas nécessaire de faire affûter la lame tous les ans.

Travail en finesse pour les bordures

Quand on veut bien faire, il faut apporter un soin particulier aux bordures d'angle et de longueur du gazon, qui représentent des zones plus sensibles. Il n'y a que la rangée de pierres de bordures qui permet de tondre une bordure sans l'abîmer. Les zones qui posent problème et que l'on ne parvient pas à atteindre avec la tondeuse se traitent avec le petit outillage.

Les dresse-bordures

Près des murets et autour des plates-bandes, les dresse-bor-

dures deviennent nécessaires. C'est également grâce à eux que l'on peut tondre nettement les endroits difficiles d'accès. Ces outils sont plus faciles à utiliser quand ils sont électriques, surtout s'ils sont munis de batteries qui suppriment le câble. Certains sont montés sur une roue et on les pousse en tenant leur long manche.
Comme avec tous les autres outils coupants, il faut faire régulièrement affûter la lame de ces petits appareils.

Les coupe-bordures
Certaines zones de bordure n'ont pas besoin d'être absolument parfaites, notamment autour des arbres, dans les coins sauvages et près des clôtures. On peut donc dans ces zones se contenter d'un coupe-bordure à fil. Il se prend en main par la longue poignée et se stabilise grâce au mouvement du fil de nylon qui tourne dans le carter de coupe. Veillez à ce que le fil reste régulier, après quelque temps il s'use et doit être changé.

Le coupe-bordure à fil est le petit frère de la débroussailleuse. On a vite envie de s'en servir pour les endroits difficiles d'accès.

Transmission simple sur les roues par courroies.

Tondeuse à pousser, autotractée ou autoportée ?

Les tondeuses à main, électriques et thermiques doivent le plus souvent être poussées ; mais il existe depuis quelque temps des modèles de tondeuses hélicoïdales avec accus à transmission, qui mettent en même temps la lame en marche. Cela fait plus longtemps que l'on connaît les tondeuses thermiques autotractées.

La transmission économise la fatigue

Dans les tondeuses classiques, la lame et les roues ne fonctionnent pas systématiquement ensemble : la lame est toujours mise en rotation quand le moteur tourne, mais celui-ci n'entraîne pas les roues ; il faut donc déployer la force de ses muscles pour faire avancer la tondeuse.
C'est le fait de pousser la tondeuse qui est le plus fatigant dans la tonte du gazon. C'est pourquoi l'invention des tondeuses thermiques à transmission, ou autotractées, fait de plus en plus d'heureux. Car ces tondeuses se déplacent et montent les talus presque toutes seules.
On a aussi vu l'arrivée des tondeuses autotractées électriques. Il y a toujours une boîte de vitesses qui s'enclenche entre le moteur et la transmission. Les tondeuses bon marché

Une tondeuse autoportée donne le plus grand plaisir à tondre les grandes pelouses.

n'ont qu'une courroie qui finit par lâcher au bout de quelques années.

Le changement de vitesse

Les tondeuses qui n'ont pas de changement de vitesse ne permettent pas de changer d'allure. Cela signifie que l'utilisateur doit respecter le rythme de la machine. Autre solution : la tondeuse à plusieurs vitesses. Le changement de vitesse a néanmoins une durée de vie plus courte que le moteur quand l'utilisation est fréquente. Il est donc prévisible que cette option ne fonctionne plus au bout de huit à dix ans.

L'hydrostat représente une habile solution de rechange. Cette petite pompe à huile régule la quantité de carburant consommée de manière indépendante du régime du moteur, pour que la vitesse puisse augmenter sans modifier le réglage optimal.

Il n'est pas toujours obligatoire d'acheter les tondeuses, ni beaucoup d'autres outils d'ailleurs. Au besoin, vous pouvez les louer dans les magasins spécialisés. Renseignez-vous.

Tondre assis

Quel confort de ne plus pousser la machine derrière la lame qui tourne, mais assis dessus ! Les tondeuses autoportées font partie des outils qui donnent envie de faire le travail, aux grands comme aux petits enfants.

Mais ce plaisir oblige à mettre copieusement la main à la poche. Il faut aussi penser que ces minitracteurs vont prendre pas mal de place dans le garage. Tout le monde ne peut pas s'offrir ce type de tondeuses des plus confortables, mais aussi des plus exigeantes.

Le robot à tondre

Le dernier cri de la technologie est la tondeuse à énergie solaire : elle révolutionne la corvée de tondre la pelouse. Puisant son énergie dans les rayons du soleil ou pouvant être branché sur une station de charge, ce robot se promène tout seul dans un circuit fermé. Il ressemble à

La tondeuse vivante

Naturellement, on peut aussi mettre sur son gazon un mouton, ou un lapin sur les petites pelouses, qui maintiendront l'herbe rase. N'hésitez pas à vous documenter dans les livres pour tout savoir sur les besoins de ces animaux et les soins qui leur sont nécessaires.

Il ne s'agit pas d'un OVNI, mais d'une tondeuse robot qui fabrique sa propre énergie et broute la pelouse sur une surface définie.

une tondeuse, mais n'a pas de guidon et est équipé de panneaux solaires sur le dessus. Il coupe l'herbe très menu (voir mulcheuses, page 45) et évite le ratissage.
Mais le robot travaille à sa manière ; il ne tond pas les grandes surfaces en un seul jour, mais en un travail continu, zone après zone, selon le principe du hasard et avec le peu d'énergie dont il dispose, et même la nuit. Il commence par un parcours aléatoire. Chaque fois qu'il rencontre un obstacle ou reçoit un signal du câble périphérique, il prend une nouvelle direction. Le robot peut pénétrer dans les zones où l'herbe est très haute. Avec son comportement un peu particulier, il ressemble moins à une tondeuse à gazon qu'à un mouton.
Mais il est bien plus compliqué et tombe beaucoup plus souvent en panne d'électronique. Il faut s'adresser à un technicien spécialiste quand il tombe « malade ».
Autre inconvénient : son prix est élevé, ce qui augmente le risque de se faire un jour kidnapper son électro-techno-mouton. Notez que certains modèles sont munis d'un antivol intégré (code personnel).

Sécurité et entretien

De nos jours, les tondeuses sont tellement bien conçues qu'on peut croire que les fabricants ont bien pensé à tout pour éviter les accidents graves. Il existe des règles de sécurité légales et des normes définies.

Sécurité

Les tondeuses autotractées restent sur place lorsqu'on arrête de tenir la poignée de commande. La vitesse résiduelle de rotation de la lame à l'arrêt est de plus en plus réduite par les fabricants car celle-ci représente un véritable danger, par exemple lorsqu'on essaie de dégager rapidement un bourrage. Les tondeuses électriques sont sécurisées contre les sautes d'électricité. Il y a un disjoncteur dans le boîtier extérieur qui coupe le courant en cas d'irré-

Coupez le contact quand vous travaillez près de la lame et laissez refroidir un moment pour limiter les risques.

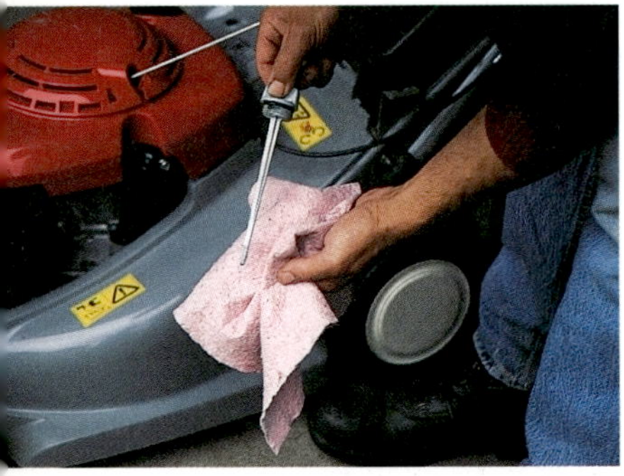

Il faut surveiller le niveau d'huile des moteurs à quatre temps, ce qui n'était pas le cas avec les moteurs à deux temps.

Il faut entretenir et éventuellement changer les bougies régulièrement, surtout avant le printemps.

La plupart des lames rotatives doivent être affûtées tous les ans à la fin de l'hiver.

gularités. La tondeuse de votre choix doit comporter les mentions de respect des normes nationales et européennes de sécurité. En cas de doute, demandez au marchand. Les réparations doivent être effectuées exclusivement dans les établissements qualifiés. Tout le reste est sous la responsabilité de l'utilisateur (voir page 59).

Un magasin spécialisé doit vous autoriser à essayer les tondeuses avant l'achat, mais aussi être en mesure, en tant que concessionnaire, de conseiller les jardiniers peu expérimentés comme les experts en technique, utilisation et entretien, même si sa responsabilité reste limitée au cadre de la garantie.

Entretien

L'huile des tondeuses thermiques doit être vidangée et remplacée, de même que le filtre à air qu'il faut retirer et nettoyer. Evitez de faire cette vidange sur la pelouse. L'huile pourrait en effet faire des taches et l'endommager.

Après chaque tonte, vous devez retirer l'herbe et la terre qui restent sur le carter, le dessous et la lame.

Cette tâche est particulièrement nécessaire avant l'hiver. Il faut examiner en détail ce qui ne va pas car les ennuis ou la rouille arrivent vite. Huilez à cette occasion les pièces mobiles. Retirez le lanceur de votre tondeuse thermique et faites sa vidange, nettoyez le filtre et la bougie et au besoin changez-les. Hivernez les batteries chargées à fond et à l'abri du gel.

Avant de recouvrir définitivement votre tondeuse de tissu ou de plastique pour l'hiver, vous pouvez démonter la lame et la porter à l'affûtage. Il est conseillé de le faire tous les ans pour les tondeuses hélicoïdales.

Bien tondre : la pratique

Pour tondre, choisissez de préférence un jour de temps sec.

Avec une tondeuse hélicoïdale, il est préférable de tondre le matin quand l'herbe est encore humide de rosée. Mais ne commencez pas trop tôt, cela risquerait d'être illégal et vous pourriez avoir des ennuis avec vos voisins.
Avec une tondeuse bruyante comme les thermiques, la réglementation autorise à tondre les jours de semaine entre 8 et 19 heures et parfois le samedi matin. Certaines communes demandent de respecter la pause de la mi-journée, entre midi et 14 heures. Les infractions verbalisées peuvent coûter cher. Un conseil : renseignez-vous auprès de votre mairie.

Fréquence et hauteur de tonte

Au tout début de la saison de végétation, il est utile de donner un bon départ à votre pelouse en l'aérant et, éventuellement, en la fertilisant. Ensuite, vous pourrez pratiquer la première tonte, le plus tard possible, quand les brins feront environ 10 cm de haut ou commenceront à s'incliner. Souvent, cela se produit vers la mi-mars.
Les gens font en général la première tonte trop tard, souvent parce qu'ils n'aiment pas couper les premières fleurs de l'année.
Au début, la hauteur de tonte ne doit pas être trop réduite. Quand on coupe très ras, cela tire les racines vers le haut et les fragilise, ce qui permet aux mauvaises herbes de venir s'installer.
Laissez un cercle non tondu autour des bulbes de printemps jusqu'à ce qu'ils aient fini de fleurir et que les feuilles soient fanées et brunes.
Vers la fin de la belle saison, on a moins souvent besoin de tondre, car le gazon pousse moins vite. Mais il pousse tout de même jusqu'à l'arrivée de l'hiver. Vous devrez donc tondre tant que l'herbe pousse ; si possible, tondez court pour l'hiver.

Mieux vaut souvent et pas trop court

Les tontes régulières rendent la pelouse homogène et résistante. Au contraire, les tontes irrégulières sur une herbe difficile à couper, car trop haute, diminuent la qualité de la pelouse. Il n'est malheureusement guère possible de ressemer quand l'été est sec, car l'herbe pousserait peu de toute façon.
Si vous avez envie d'un gazon d'ornement à l'anglaise, très soigné, vous devrez non seulement le tondre très court régulièrement, mais aussi y revenir

Une tonte régulière et pas trop courte se révèle essentielle, surtout lorsque l'herbe est déjà haute ; cela vaut bien mieux que de tondre très court.

sans cesse. La coupe courte favorise la croissance, surtout si vous avez planté les espèces idoines et que vous fertilisez régulièrement. La règle à suivre est la suivante : ne coupez pas plus d'un tiers de la longueur des brins d'herbe chaque fois. Cela veut dire que, si vous souhaitez une hauteur d'herbe finale de 3 cm, il faudra tondre dès qu'elle atteint 4 cm.
Pour les pelouses d'ornement, il faut tondre une fois par semaine pendant la belle saison. A l'époque de la croissance très rapide du printemps, il faut souvent tondre deux fois par semaine. Les gazons tous usages doivent être tondus à 6 cm lorsque l'herbe atteint 8 à 10 cm de haut, ce qui permet de laisser passer 10 à 15 jours sans tondre. Les gazons de rocaille peuvent attendre que leur herbe soit un peu plus haute.

Au démarrage, le moteur de la tondeuse met la lame en mouvement. C'est pourquoi vous devez autant que possible commencer au milieu, sur un sol dégagé et dans l'herbe haute. Il est utile au démarrage d'incliner légèrement la tondeuse vers l'arrière.

Avec de telles bordures sans protection (bord dallé par exemple), il n'y a rien d'autre à faire que de les tailler soigneusement chaque fois.

Laissez pousser un peu plus en été

Pendant la période sèche de l'été, surtout pendant les vacances quand on n'est pas là pour arroser, l'herbe a tout à gagner à ne pas être tondue très court.
Ces semaines-là, laissez-la pousser jusqu'à la hauteur maximale que votre tondeuse peut traiter. Après cette période ou en rentrant de vacances, ne tondez pas tout de suite aussi court que vous en aviez l'habitude auparavant mais procédez plutôt en deux fois.
A l'exception de la première tonte du printemps et de celle du retour des vacances ou qui suit une période très chaude, on peut ne pas modifier le réglage de hauteur sur la tondeuse.

De temps en temps, rectifiez les bordures

Quand le gazon peut s'échapper vers les plates-bandes, il ne se gêne pas. Il est donc nécessaire, au printemps et en automne, de revoir les frontières afin qu'il n'envahisse pas les lieux en surface ni par-dessous.
Vous pouvez couper les mottes qui débordent avec une bêche. La pose d'un cordeau au préalable vous permettra d'obtenir un résultat très net.

Circuit de tonte

Réfléchissez bien à votre point de départ pour savoir comment vous pourrez tondre au mieux toute votre pelouse, surtout si vous travaillez avec éjection latérale de l'herbe coupée. En effet, il vaut mieux éviter de la projeter sur les allées ou dans les plates-bandes. Vous devez également veiller à ne pas repasser plusieurs fois sur l'herbe qui vient d'être tondue, car les passages successifs de la tondeuse finiraient par abîmer la pelouse.
Commencez dans ce cas par tourner sur le périmètre en diri-

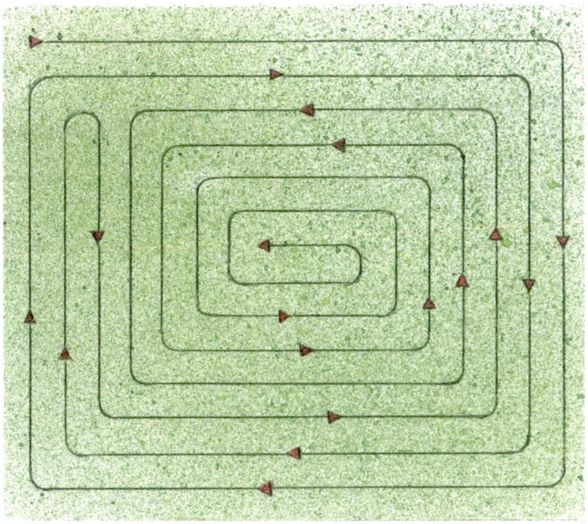

Selon la disposition du terrain, faites d'abord deux tours vers la droite puis tournez dans l'autre sens.

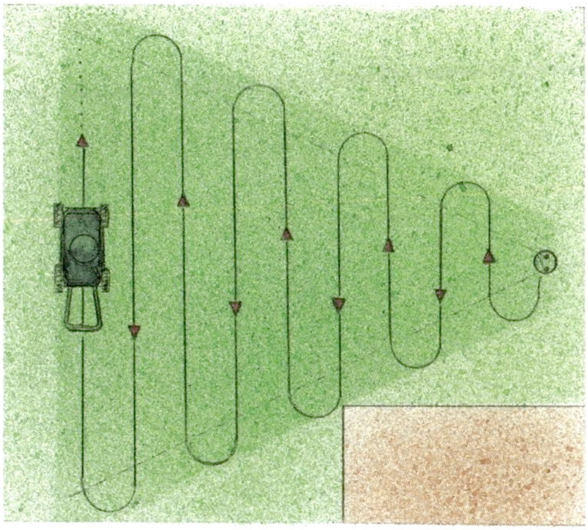

Avec une tondeuse électrique, il faut partir près de la prise de courant et cheminer sans croiser ses pas.

geant l'éjection vers l'intérieur de la pelouse ; puis parcourez le reste de la pelouse dans les deux sens (voir schéma). Pour une pelouse d'ornement soignée, il faut veiller à suivre un chemin perpendiculaire (à 90°) par rapport à la tonte précédente lors de la suivante, pour que l'herbe ne soit pas toujours couchée dans la même direction.
Avec une tondeuse électrique, l'œil doit toujours surveiller le câble. Commencez près de la prise, faites des allées et venues en tirant le fil derrière vous. Veillez à bien le laisser parallèle à votre chemin et jamais en travers (voir schéma). En général, vous pouvez considérer qu'il faut environ 10 à 15 minutes pour tondre 100 m² de pelouse.

Protégez-vous !

Pour tondre, la sécurité commence par vos vêtements. Il faut avant tout que vous portiez de bonnes chaussures de travail solides. Celles qui vous protégeront le mieux sont bien sûr les chaussures de sécurité avec renfort d'acier, mais il suffit normalement de porter des chaussures fermées. Interdisez-vous les sandales et les pantoufles faciles à perdre et sur lesquelles on trébuche.
Ne mettez jamais la main sous la tondeuse lorsque la lame rotative n'est pas complètement immobile !
Il est indispensable de débrancher votre tondeuse lorsque vous avez à faire près de la lame. S'il s'agit d'une tondeuse thermique, il est recommandé de retirer la bougie.
N'utilisez pas votre tondeuse électrique sous la pluie ni quand les prises sont endommagées. Toutes les conditions doivent être bonnes.
Même si vous êtes très vigilant, le danger de couper le câble électrique avec la lame demeure. Si cela arrive, commencez par débrancher le câble même s'il y a des disjoncteurs prévus pour cela. Et n'essayez pas, s'il vous plaît, de réparer les dégâts

Lorsque vous louez un outil, prenez le temps de bien vous faire expliquer son fonctionnement dans le magasin !

vous-même avec un domino et quelques tours de chatterton ! Si vous endommagiez votre système électrique, votre assureur ne se montrerait guère compréhensif.

Que faire des résidus de tonte ?

C'est seulement quand on travaille avec une tondeuse mulcheuse qu'on n'a pas besoin de se préoccuper de l'herbe tondue. Si cette méthode (voir page 45) fait partie des préférées, c'est sans doute parce qu'il est de plus en plus difficile de se débarrasser des déchets de jardinage. Avec toutes les autres tondeuses, réunir l'herbe coupée et s'en débarrasser est une partie importante du travail.

Si votre tondeuse n'est pas équipée d'un bac de ramassage, il va falloir réunir l'herbe en petits tas et l'enlever. S'il fait sec, vous pouvez la laisser sur place deux ou trois jours. S'il y a de l'humidité, surtout au printemps et en automne, les brins vont coller et se compacter sans laisser passer l'air. D'une part, cela ne sent pas particulièrement bon et, d'autre part, cela peut générer des moisissures sur la pelouse ou conduire à du feutrage (voir page 63).

Par temps sec, vous pouvez normalement laisser l'herbe tondue sur place à condition que les brins coupés ne dépassent pas 4 cm de long et ne soient pas disposés en longues bandes, mais répartis uniformément sur toute la pelouse.

Disposez les résidus de tonte en fine couche sur les plates-bandes de légumes en guise de mulch.

Utilisation du mulch

Ne vous limitez pas à la pelouse ; vous pouvez utiliser les déchets de tonte comme paillage dans bien d'autres endroits. Par exemple sur les plates-bandes de légumes, où ils permettent à la terre de conserver son humidité plus longtemps ; ils empêchent les mauvaises herbes de sortir et, lorsqu'ils se décomposent, ils viennent enrichir la terre de leurs éléments nutritifs. L'herbe coupée présente l'avantage d'être de couleur et de texture uniformes, ce qui lui donne une apparence nette. Il faut l'épandre fraîche et en couche mince ; si elle s'agglomère, elle devient le point de ralliement idéal des limaces.

A éviter : humidité, longues tiges et graines

Si vous souhaitez poser des couches plus épaisses d'herbe coupée sur vos plates-bandes, il faut la laisser sécher. Comme elle perd beaucoup en volume et se décompose vite, il faut en remettre régulièrement pour qu'elle puisse continuer à tapisser le sol en faisant écran à la lumière. Les déchets de tonte à longs brins seront déposés sous les arbres fruitiers et les arbustes de fruits rouges car ils font moins net et contiennent beaucoup de graines. Par ailleurs, les tiges ligneuses libèrent de l'azote dans la terre lors

Pour faire du compost, il faut laisser l'herbe se dessécher et la retourner pour qu'elle ne devienne pas dure et compacte.

de leur décomposition, qui disparaît ensuite.

Composter l'herbe tondue

Ce que vous n'utilisez pas comme mulch, vous pouvez en faire du compost.
Comme l'herbe courte et humide a tendance à se compacter, laissez-la d'abord sécher en couches fines. Les échanges entre carbone C et azote N de l'herbe sont favorables au pourrissement (relation C/N 10–25:1). Ce n'est qu'après le séchage que le carbone est majoritaire.
L'herbe tondue peut s'échauffer beaucoup lors de son pourrissement. Si vous ne disposez pas d'autre matériau à composter en même temps pour la délayer, ajoutez-lui beaucoup de terre de jardin ou du compost déjà prêt.
Au bout de quelques semaines, il est nécessaire de retourner le tas afin de faire passer ce qui était à l'extérieur dedans pour que cela s'échauffe aussi. Car la chaleur rend la plupart des graines inoffensives. Mais ne prenez pas ceci pour une garantie, surtout si vous voulez utiliser ce compost dans un verger ou dans vos plates-bandes de fruits et de légumes.

Des déchets bien encombrants

Quand la pelouse occupe la majeure partie du jardin, le volume des déchets de tonte dépasse la capacité de compostage et déborde des poubelles.
Selon le lieu où vous habitez, vous avez ou non la possibilité de faire ramasser vos déchets verts par la commune, sans frais pour vous. Mais ce service a tendance à disparaître par mesure d'économie. Cela vaut donc la peine de chercher à en utiliser le maximum en paillage ou mulch, sous les arbustes aussi, et de faire une production maximale de compost car il servira de terreau et de moyen économique d'amender la terre, y compris celle de votre gazon. Sinon, envisagez l'achat d'une tondeuse mulcheuse.

En résumé

- La tondeuse hélicoïdale permet une tonte aussi précise que la tondeuse rotative.
- Choisissez en fonction du type de pelouse, de la largeur et hauteur de coupe, et aussi du bac de ramassage.
- Les tondeuses électriques sont pratiques pour les petites surfaces ; les modèles à batteries évitent d'avoir à se préoccuper du câble.
- Pour les grandes surfaces, c'est le moteur qui fait la différence entre les tondeuses thermiques.
- Les tondeuses mulcheuses réduisent l'herbe en fines particules, ce qui évite le ratissage.
- Les bordures requièrent un soin particulier.
- Il est préférable de tondre régulièrement, souvent et pas trop court.
- Les prairies demandent des techniques particulières.

Travaux d'entretien réguliers

Pour conserver une belle pelouse, il faut donner les éléments nutritifs de base aux racines : eau, air et engrais. Si, contre toute attente, elle périclite, il faut pouvoir administrer la thérapie adéquate.

Le scarificateur atteint superficiellement les racines du gazon et favorise leur développement.

De l'air pour les racines

La plupart des jardiniers vous diront qu'il faut enlever l'herbe coupée ainsi que les feuilles d'automne. On sait que l'obscurité et l'humidité sous l'herbe en décomposition provoquent des trous dans la pelouse. Les jardiniers qui s'occupent intensivement de l'entretien de leur tapis de verdure ont souvent à la bouche des mots savants comme scarifier.

La scarification

Ce processus ainsi que l'outil approprié sont devenus des classiques dans l'art de soigner les pelouses. On observe que les plantes qui pourrissent sur le gazon forment une sorte de feutre. Quand cette couche atteint environ 1 cm, elle agit comme une éponge et empêche que l'eau, les substances nutritives et même l'air arrivent aux racines. En même temps, la mousse et les mauvaises herbes poussent de plus en plus nombreuses. On peut avoir raison de ce fléau en scarifiant. Pour les petites surfaces, il suffit d'utiliser un râteau à scarifier. C'est une pioche à dents qui permet de déchiqueter et d'arracher cette couche. Il arrive cependant que le fait de couper les racines des plantes indésirables en provoque la prolifération. Attention à ne pas entrer trop profondément dans le sol, les mauvaises graines germent plus facilement dans un sol labouré ; veillez ensuite à bien ratisser.

Il existe aussi des machines à scarifier, des scarificateurs ; ils ressemblent à des tondeuses et leurs lames verticales servent à aérer le terrain. Vous pouvez les acheter ou les louer. Il est possible de scarifier les pelouses dès le début du printemps jusqu'aux premiers jours de l'été, de préférence juste après avoir tondu. Le sol ne doit pas être trop humide. Il est conseillé d'épandre un engrais pour favoriser la repousse souhaitée.

L'aération

On aboutit à un effet semblable en aérant le sol avec des moyens plus simples. On perfore le sol avec une fourche spéciale ou un rouleau muni de canules creuses. Grâce à cette aération supplémentaire, l'irrigation est favorisée. Si l'on répartit du sable (quartz) sur le gazon à l'aide d'un râteau, l'eau pénétrera plus longuement dans les trous.

◀ Certains dispositifs d'arrosage de pelouse se transforment en attraction, comme ce jet pulseur.

Le scarificateur manuel perce des trous dans la terre. Si on les remplit de sable, cela rend la terre durablement perméable.

Une machine professionnelle à distributeur automatique de sable (louée) s'impose pour les grandes surfaces. On peut également utiliser une bêche et, après l'avoir enfoncée, il suffit de la faire bouger d'avant en arrière. Faites toujours attention à utiliser les bons outils. Avec des outils inadéquats, on peut obtenir l'effet contraire, notamment que la terre se tasse autour des trous.

De l'eau pour la pousse

En plein été, la chaleur et la sécheresse font souffrir le jardinier et sa pelouse. Comme ses racines ne sont pas très profondes, l'herbe a besoin d'un apport d'eau régulier. Dans le cas contraire, le tapis de verdure jaunit et les endroits enlaidis ne repousseront qu'avec le temps. Il faut donc arroser dès que les tiges montrent des signes de flétrissement et une légère couleur bleutée.
Le sol doit pouvoir se gorger d'eau. Les appareils d'arrosage automatique rendent de bons services. En règle générale, une demi-heure d'arrosage suffit. Le matin, les tiges peuvent bien s'égoutter ; le soir, la perte d'eau par évaporation est réduite. L'arrosage en pleine chaleur est à proscrire.

Cure de printemps

1. Tondre la pelouse court.
2. Scarifier deux fois, la deuxième fois perpendiculairement à la première. Puis ratisser.
3. Tondre à nouveau ; les zones brunâtres vont s'éliminer grâce à l'aération.
4. Au besoin, parsemer un mélange de bonne terre, sable et compost (1/1/1) sur les zones abîmées ou pour remplir les trous et ratisser.
5. Ensuite, s'il subsiste de grandes zones de terre vide, semer à nouveau.
6. Faire des apports d'engrais réguliers.

Ne pas donner de mauvaises habitudes à la pelouse

Les systèmes d'arrosage faciles à utiliser finissent par donner de mauvaises habitudes à la pelouse.
Si on l'arrose chaque jour, l'humidité est conservée et les racines restent dans la couche supérieure de la terre. Elles ne font plus l'effort d'aller chercher l'eau plus en profondeur. A la longue, le gazon devient plus sensible à la sécheresse.
Un arrosage trop fréquent peut également provoquer l'abondance de mousse.

C'est pourquoi il est préférable d'arroser moins souvent mais plus abondamment sur une profondeur de 15 à 20 cm. Vous pouvez vérifier si le sol est suffisamment humide avec une bêche. Ainsi, vous n'arroserez votre pelouse qu'une fois par semaine.

Il est très difficile de revivifier une pelouse desséchée. Ne laissez pas la vôtre devenir comme celle-ci.

Mesures de « réanimation » employées

Si les tiges sont desséchées et jaunies, il est difficile de détremper le sol aride et de redonner vie à la végétation. Dans de tels cas, il faut laisser le temps faire son œuvre. On arrosera la pelouse presque chaque jour pendant des semaines. Dans certains cas, il sera nécessaire de ressemer aux endroits dégarnis.

Eté sec

Selon l'état de la nappe phréatique et les régions, l'arrosage est parfois interdit en été. Afin que votre pelouse traverse ces périodes de soif sans dégâts, laissez-la pousser aussi haut que votre tondeuse peut le supporter.

Techniques d'arrosage

De nombreux moyens aident le jardinier du dimanche à arroser aisément et correctement. Le choix va de l'arrosoir au tuyau d'arrosage à gicleurs interchangeables en passant par le système souterrain géré par programmateur.

Arrosage des très grandes surfaces

Plus la pelouse est étendue, plus l'exigence de qualité est haute, et plus la technique est indispensable. Pour l'arrosage de grandes surfaces, on a le choix entre des tuyaux pulvérisateurs perforés et des arroseurs rotatifs que l'on raccorde au tuyau et que l'on déplace suivant le besoin. Alors que les tuyaux pulvérisateurs ne couvrent que des surfaces étroites, l'arroseur pivotant atteint une surface rectangulaire. Pour les arroseurs circulaires et à impulsions qui se mettent en mouvement sous la pression de l'eau, la surface arrosée est circulaire, on fixe la portée en fonction de la pression de l'eau.

L'arroseur à impulsions couvre une surface en forme de cercle. Il est nécessaire de bien prévoir sa disposition.

L'idéal pour le raccordement des tuyaux d'arrosage : un branchement en réseau installé sous la terre.

Il est tentant de choisir un système à fixations rapides standardisées. Pour certains produits, le manque de stabilité peut poser problème. D'autres appareils offrent la possibilité d'ajouter un engrais liquide à l'eau. Assurez-vous que le débit de l'eau est réglable. Les dévidoirs facilitent aussi bien la mobilité que le rangement.

Questions à poser au spécialiste lors de l'installation de l'arrosage

- Combien faut-il de têtes d'arrosage pour votre surface ? Où faut-il les placer ?
- Si votre eau de distribution est très calcaire, que faire ?
- Le système se vidange-t-il automatiquement pendant l'hiver ?
- Après l'installation, l'eau se distribue-t-elle régulièrement dans le système ?

Les conduites souterraines

Les tuyaux perforés posés sous terre permettent d'arroser sans être visibles. A l'aide de conduits placés sous la couche végétale, il est possible d'installer des prises d'eau et des branchements faciles d'accès dans tout le jardin. De telles installations invisibles évitent le fastidieux travail de dérouler le tuyau. Les arroseurs escamotables sont particulièrement raffinés, ils n'apparaissent qu'en cas de besoin. De tels systèmes ne sont plus hors de prix, ils sont faciles à poser et durables. Il est préférable de les installer lors de la plantation, mais ils peuvent aussi être posés ultérieurement.

Arrosage géré par programmateur

Le système d'arrosage peut être pourvu d'une commande automatique, ce qui est un soulagement pour le jardinier en vacances.

A l'aide d'un *watertimer* (programmateur), il est possible de régler l'intensité de l'arrosage. Le réglage se fait soit suivant des horaires précis, soit suivant le degré d'humidité de la terre (avec un tensiomètre). Ce dernier correspond mieux au besoin réel des plantes.

Certaines grandes marques proposent un programmateur d'arrosage pouvant conjuguer les

L'heure d'arrosage et la quantité d'eau peuvent être réglées à l'aide d'un programmateur. Vous l'aurez immédiatement compris, c'est un avantage intéressant, et pas seulement pendant les vacances !

deux effets. Branché entre le robinet et le tuyau, le clavier permet de programmer le rythme, la durée et l'intensité de l'arrosage. En hiver, il est important de mettre les programmateurs à l'abri du gel.

De l'engrais pour un beau tapis vert

Une pelouse tous usages n'a pas nécessairement besoin d'être fertilisée. L'apport d'éléments nutritifs peut être excédentaire et même mettre en danger l'équilibre des nappes phréatiques. On peut se passer d'engrais si l'on accepte de voir sa pelouse se transformer en une prairie riche en herbes et en fleurs sauvages.
L'utilisation d'une tondeuse mulcheuse permet d'économiser les engrais : les herbes coupées restant sur le sol produisent suffisamment de substances nutritives en se décomposant. Cependant, à l'aide d'engrais, le gazon peut se défendre plus facilement contre la mousse et les mauvaises herbes et il est le garant d'une belle et profonde couleur verte.

Les besoins de la pelouse et de la terre

L'azote (N) est l'élément nutritif primordial qui favorise la pousse et qui donne la couleur verte de la pelouse.
Les pelouses sur lesquelles on marche beaucoup ont besoin, comme les gazons d'ornement, de 10 à 20 grammes (dose maximum) d'azote par an et par mètre carré, une pelouse moyennement utilisée se contentera de 10 grammes.
En ce qui concerne les principaux éléments nutritifs, on peut noter le phosphore (important

Si vous souhaitez profiter d'un beau vert dense et que vous ne voulez pas de mauvaises herbes, il faut fertiliser régulièrement.

pour les racines et la formation des fleurs) 5 à 7 grammes, le potassium (renforce la résistance) environ 8 à 15 grammes, le magnésium à peu près 3 grammes.
Ces éléments existent déjà en quantité suffisante dans la plupart des sols. Les oligoéléments posent rarement problème surtout si l'on épand du compost de temps en temps.
Le déficit nutritif survient plus souvent sur des sols sablonneux que sur des terrains argileux. Pour éviter une fertilisation excessive, il est conseillé de pratiquer une analyse du sol qui déterminera le niveau des besoins. Des laboratoires privés vous donneront des conseils précis pour la prise d'échantillon de terrain et établiront la teneur en éléments nutritifs, le genre du sol et la valeur du PH de la terre que vous leur aurez envoyée.

L'apport d'engrais contenant du fer permet à une pelouse fatiguée de retrouver rapidement un beau vert profond. Mais, attention, il faut absolument changer de chaussures après avoir marché sur l'herbe ainsi fertilisée, sous peine de voir des traces indélébiles dans la maison ou le jardin, par exemple sur les dalles de marbre !

Utiliser les engrais appropriés

Les engrais organiques bons pour l'environnement ont l'inconvénient d'être moins bien dosables et moins ciblés que les engrais spéciaux pour gazons d'origine essentiellement minérale.

Engrais organiques

Les engrais organiques se composent de déchets d'animaux et de végétaux, comme la farine de corne et d'os, le sang séché, le tourteau végétal ou le guano (fientes d'oiseau séchées). Ils ne sont efficaces que dans un sol où la température atteint 16 °C et plus. Un excès d'engrais est presque impossible car les éléments se séparent petit à petit de leur organisme grâce aux êtres vivants du sol et ne peuvent être libérés en grande quantité.
En raison des grosses particules qui doivent être incorporées dans le sol, les engrais organiques sont plus souvent conseillés pour la préparation du terrain que pour les pelouses déjà enracinées.
Le compost fait maison à base de fumier et de déchets végétaux est particulièrement précieux du fait de sa puissance, mais il est difficile à doser car on ne connaît pas la teneur de ses composants. Comme on le prend pour une terre et qu'on l'épand généreusement, il n'est pas impossible de fertiliser trop richement.

Engrais minéraux complets

Les engrais que l'on trouve dans le commerce contiennent des éléments nutritifs dans les compositions suivantes : 15 à 20 % d'azote, 3 à 5 % de phosphate, 8 à 10 % de potassium ainsi que du magnésium et du fer. Lisez avec attention les teneurs indiquées sur l'emballage de l'engrais.
De composition excellente, ces engrais sont conçus pour nourrir de façon continue pendant le temps prévu. Ils sont faciles à utiliser. Le prix et la qualité varient beaucoup selon le fabricant. Les engrais minéraux ont l'avantage de travailler à basse température, ce que ne font pas les engrais organiques. Un bon conseil, fiez-vous aux marques connues, plus fiables. Le rapport qualité/prix sera meilleur. Un engrais bon marché est souvent polluant.

Les engrais uniques

Les engrais complets ne sont pas nécessaires sur la plupart des terres de jardin.
Tout au moins pour les deux premiers apports, de purs engrais azotés doivent suffire, surtout après un épandage de compost. Pourtant, on en trouve rarement dans le commerce. La solution organique serait la poudre de corne, mais elle n'est pas sans inconvénients sur le plan de l'hygiène ; de plus, elle est difficile à trouver.
Les engrais azotés à effet immédiat comme l'hydrosulfure d'ammoniaque ou le nitrate de calcium ne doivent être utilisés qu'exceptionnellement et par des professionnels. Pour l'ajout de potasse en fin d'été, on peut utiliser la magnésie de potasse (env. 40 g au mètre carré).

Pour déposer l'engrais en granulés aussi régulièrement que les semences, utilisez un semoir sur roues.

Engrais à effet longue durée

Les engrais à effet longue durée comme le Floranid® N 32 sont entourés d'une coque de résine biodégradable ; tous les éléments nutritifs seront libérés régulièrement sur environ 6 mois, ce qui correspond à une seule fertilisation pour une période complète de végétation.
De cette façon, on ne craint plus ni les manques ni les excès.

Planning et dosage

La première date importante pour fertiliser est le printemps, au début de la pousse entre mi-mars et début mai. Il faut tondre la pelouse avant de mettre l'engrais ; l'idéal serait de la scari-

Soins à apporter selon les types de pelouses

Type de gazon	Tontes	Engrais	Arrosage	Particularités
Ornement	1 fois par semaine, à 2 à 4 cm*	3 fois par an, 2 fois N et 1 K en automne	1 fois par semaine si sécheresse	Seulement des semences de qualité ! Retirer l'herbe tondue, scarifier 2 fois par an, ressemer les trous
Jeux et tous usages	Tous les 10 à 14 jours, 4 à 6 cm*	Pas nécessaire, max. 2 fois par an	Pas nécessaire	Tondeuse mulcheuse OK
Usage intensif, sport	Tous les 7 à 10 jours, 3 à 5 cm*	De préférence engrais longue durée	Si sécheresse	Tondeuse mulcheuse OK, scarifier 1 fois par an
Paysager	Au moins 3 fois par an, 6 à 8 cm	Pas obligatoire	Pas obligatoire	L'herbe tondue peut parfois rester en place.
Ombragé	Toutes les 2 à 3 semaines, 6 à 8 cm	Pas nécessaire, avec précaution	Sous les arbres	Ratisser les résidus de tonte, ressemer au besoin

* moins court en été

fier également. Pour prévenir les brûlures, il est préférable de procéder au fumage par temps couvert, jamais pendant une période de chaleur. L'épandage manuel d'engrais en granulés requiert un peu d'expérience. Un épandeur facilite ce travail. Les engrais liquides peuvent être mélangés à l'eau d'arrosage. Pour les pelouses utilisées normalement, un seul fumage au printemps est suffisant.

Beaucoup d'azote au début, moins par la suite

Si vous préférez utiliser votre engrais fait maison, vous pouvez épandre environ 5 litres de compost tamisé fin par mètre carré et le ratisser ensuite.
Il ne faut pas prévoir plus de 100 grammes d'engrais minéral par mètre carré et par an. Pour un apport ciblé d'azote au printemps, 30 à 40 grammes suffisent. Un apport supplémentaire de chaux empêche la prolifération de la mousse.
Un second apport du même engrais peut s'avérer nécessaire en mai ou en juin pour les pelouses d'ornement et celles qui souffrent beaucoup. Pour le dernier apport réduit d'engrais en août, il est préférable d'utiliser un engrais à teneur en chaux plutôt qu'un engrais azoté. Cela renforce la résistance du gazon au froid. Pour que la pelouse garde sa belle couleur vert foncé à l'entrée de l'hiver, certains professionnels ajoutent une forme spéciale de sulfate de fer.

Les mauvaises herbes

Dans le cas d'une pelouse fleurie extrêmement soignée, les herbes fleuries sont tolérées, elles sont même un enrichissement agréable à l'œil. Idéalement, un gazon d'ornement ne doit montrer ni feuilles disparates ni fleurs de couleur entre les tiges vertes. Si de tels « corps étrangers » apparaissent, il faut les enlever sans discuter. Les soins adaptés permettent de réduire la pousse et la prolifération de ces indésirables.

Les soins intensifs empêchent l'apparition des mauvaises herbes

Les conditions les plus importantes sont les suivantes :

La véronique est une fleur courante des lieux frais et humides. Elle s'installe très vite, mais on peut s'en débarrasser en tondant régulièrement.

Le trèfle peut prendre l'azote contenu dans l'air et s'installe volontiers dans les trous. Les engrais azotés permettent de le combattre.

- semis professionnel sur un terrain perméable ;
- semence appropriée à l'endroit et au type de gazon ;
- tonte fréquente et profonde ;
- fumage régulier.

Si ces conditions sont respectées, il se forme alors une épaisse couche végétale où les mauvaises herbes ne peuvent plus s'implanter.

Si quelques mauvaises herbes résistent, un déséquilibre dans la composition du sol en est peut-être la cause ; la plupart du temps, la terre est trop meuble.

Un examen du sol peut apporter des conseils précieux pour prendre les mesures nécessaires à son amélioration.

On préfère le travail à la main

Le manque d'azote facilite la prolifération du trèfle ; théoriquement, le fumage permet de s'en débarrasser. Pourtant, la plupart des mauvaises herbes résistent aux traitements usuels de la pelouse. Une seule solution : elles doivent être arrachées à la main. Pour les petites surfaces, c'est un moyen efficace et bon pour l'environnement qui permet d'obtenir un tapis de verdure uniforme. Pour les racines profondes comme celles du pissenlit, il existe des échardonnoirs spéciaux qui permettent d'éviter l'emploi de désherbants. Il est tentant d'en utiliser quand le désherbant est mélangé à un engrais. Il faut l'employer de préférence au printemps ou à la fin de l'été, mais jamais l'année des semis. Lisez attentivement le mode d'emploi.

Trop de mousse : un problème

On pourrait admettre que ces doux coussins sont une forme de rapiéçage du tapis de verdure ombragé. Les puristes ambitieux considèrent la mousse comme une tare qu'il faut éradiquer par tous les moyens.

Il faut noter que la mousse n'est pas un « coupable » qui prolifère de lui-même, il est plutôt le symptôme de conditions médiocres. La mousse de votre pelouse dénonce une terre pauvre. Un terrain ensoleillé, perméable et bien nourri ne permet pas le développement de la mousse au milieu d'un gazon dru.

Les raisons de la prolifération de la mousse sont :

- le manque de lumière ;
- un terrain compact et marécageux ;
- l'acidité du sol ;
- un fumage insuffisant.

Dans les lieux ombragés, il est prévisible de devoir accepter la présence de mousse en guise de verdure.

Avant d'entreprendre quelque chose, retirez la mousse et le feutre.

Il existe des moyens efficaces de lutte contre la mousse. Renseignez-vous dans votre jardinerie.

Exposition difficile à l'ombre

Difficile de lutter contre le manque de lumière ! Or, pour s'épanouir, le gazon a besoin de soleil. S'il fait défaut dans un coin de votre jardin, choisissez une variété tolérante, comme les pâturins ou le ray-grass à feuilles fines.

A l'ombre d'une maison, il faut envisager de semer un mélange spécial de gazon ou de planter des espèces rases qui se développent sans soleil.

A l'ombre d'un arbre, les racines du gazon doivent en plus se battre pour leur nourriture contre celles de l'arbre ; l'approvisionnement en eau peut être problématique.

Mesures préventives

Il ne faut jamais tondre trop ras en cas de présence de mousse. Il faut absolument ramasser les feuilles mortes au printemps. En scarifiant (voir page 63), on enlèvera d'abord la mousse, puis l'espèce de feutre qui est souvent coresponsable de la mauvaise aération du sol. Un système de drainage est parfois la seule solution pour les terrains marécageux. L'aération et l'irrigation seront améliorées par l'apport de sable. Le compost est un supplément appréciable, il améliore la structure du sol et apporte des éléments nutritifs. En ajoutant régulièrement de l'engrais, on donne des conditions favorables de croissance au gazon et de mauvaises à la mousse qui meurt de faim. Si le sol est trop acide (pH ≤ 5,5), vous pouvez faire un apport de **chaux** d'algues ou d'acide carbonique ($CaCo_3$) et ainsi rétablir l'équilibre.

Lutte directe contre la mousse

En dernière extrémité, on peut employer le sulfate de fer (à raison de 15 kg à l'are), un agent relativement inoffensif pour l'environnement, en combinaison avec le sulfate d'ammonium. Vous obtiendrez les meilleurs résultats si vous l'utilisez au printemps. Avant le traitement, tondez votre pelouse le plus ras possible. Deux semaines après, la mousse est morte, il faut alors scarifier. Le scarificateur enlèvera en même temps une bonne partie des mauvaises herbes. Si votre pelouse est clairsemée aux endroits où la mousse a été éradiquée, il faut alors ressemer (et arroser si besoin est). Il est nécessaire de donner de l'engrais pour que votre pelouse redevienne uniforme.

Si vous utilisez du sulfate de fer, veillez à ne pas en répandre sur les allées ou les terrasses en béton ou dallages. Il cause en effet des taches de rouille.

Dégâts et maladies

Vous ne les voyez peut-être pas, mais votre pelouse est habitée par des centaines d'insectes et d'autres petites créatures. Dès lors, comme toutes les autres plantes, le gazon peut être attaqué par des animaux parasites ou par des champignons. Il ne faut pas perdre de vue que de telles causes de dégâts peuvent être contrecarrées par les conditions appropriées d'exposition et par les soins à apporter au jardin. S'il arrive que des parcelles de pelouse jaunissent ou brunissent, sachez que les raisons peuvent être multiples, elles ne sont pas obligatoirement parasitaires (voir tableau ci-dessous).

Les maladies du gazon

Les champignons s'implantent si les conditions leur plaisent. Le recours à un fongicide traite seulement le symptôme et ne peut donc pas être une solution de longue durée. Le plus important est de créer un climat favorable et de prévoir une offre nutritive équilibrée.

Même s'il a l'air bon et fidèle, il n'est pas rare que ses « arrosages » provoquent des dégâts à l'herbe de la pelouse.

Causes et remèdes des maladies

Symptômes	Causes	Remèdes
Pointes brunes	Cicatrisation après coupe (arrachage)	Remplacer la tondeuse rotative par une tondeuse hélicoïdale
Jaunissement	Manque d'éléments nutritifs	Apport d'engrais, éventuellement aussi de fer
Jaunissement, brunissement, autres problèmes	Sécheresse prolongée, parfois selon l'état du sol, sol mort	Arrosage ; pratiquer des trous dans la terre, aérer, amender avec sable et compost, drainer si nécessaire
	Urine de chien (bord bien vert)	Bien arroser dessus ; dresser les animaux ou leur interdire la pelouse
	Brûlures (par ex. par accumulation d'engrais)	Bien arroser, notamment après chaque apport d'engrais
	Espaces clairsemés (sur gazons très piétinés comme devant les buts de football ou sous les balançoires)	Protéger ces endroits, changer les jeux de place ; pratiquer des trous dans la terre, aérer, amender avec sable et compost, drainer si nécessaire
	Stagnation d'eau, feutrage	Retirer le feutre ; scarifier, aérer
	Racines cassées par les chenilles, larves d'insectes	Voir page 75
	Vers de terre	Voir page 75

Comme beaucoup de maladies, les ronds de sorcière apparaissent surtout sur les pelouses humides, mal aérées et trop fertilisées.

Mesures générales de prévention :

- Prévoir une bonne aération du sol, éviter toute humidité inutile ; n'arroser qu'en cas de longue sécheresse. En cas d'infestation, plutôt le matin.
- Pas de fumage excessif, surtout l'azote, car cet élément décisif pour la croissance peut s'avérer affaiblissant à haute dose. Les fétuques en supportent un peu plus, les panicules moins.
- Ne pas tondre trop ras.
- Choisir des variétés de gazon tolérantes.

Fusariose froide

On découvre au printemps, surtout après la fonte des neiges, que sous le manteau blanc un champignon blanchâtre à bord foncé a recouvert la pelouse en taches rondes de 10 à 20 cm de diamètre. Elles forment parfois de grandes surfaces irrégulières. Le gazon meurt partiellement. L'agrostis et le pâturin des prés sont très sensibles.

Prévention : pas d'engrais (surtout d'azote) en fin d'été et aucun apport de chaux ; tondre mais pas trop court à l'entrée de l'hiver, enlever le feutre, éviter l'air stagnant et l'ombre, bon choix des graminées.

Ronds de sorcière

Plusieurs champignons à colombelle forment un cercle singulier sur le gazon. Tandis que l'herbe reste souvent verte dans la proximité concentrique, elle peut être morte au centre. Ce cercle s'élargit d'année en année.

Prévention : enlever le feutre et précautions générales.

Brunissement

Les tiges prennent une teinte allant du jaune paille au brun par climat humide. Certaines herbes meurent sur des surfaces irrégulières. Ensuite, des lésions rougeâtres à ramures apparaissent au bout des feuilles.

Prévention : ne pas tondre trop souvent et trop ras, prévoir un engrais et un arrosage équilibrés.

Maladies de la rouille

Il existe de nombreuses rouilles susceptibles de s'attaquer à la plupart des graminées de gazon. Lors d'étés chauds, des pustules à étamine, souvent rougeâtres, apparaissent sur les tiges, elles sont regroupées en forme de nid pour s'étendre ensuite, surtout après une période de sécheresse. Le ray-grass est sensible à la rouille.

Prévention : tonte régulière pour éviter la dissémination des pustules, ramasser les débris de tonte, arrosage si besoin, pas d'apport d'engrais azoté excessif.

L'examen précis permet de reconnaître sans aucun doute la maladie de la rouille. Il faudra tondre la pelouse moins souvent.

Quand les fourmis s'installent dans leur fourmilière, elles abîment les racines du gazon.

Les larves d'insectes qui vivent sous la terre, comme celle du taupin, font des ravages qui mettent la terre à nu.

Taches sur les brins
Nom commun pour divers microbes et champignons qui provoquent des taches de couleur et taille diverses sur les tiges. La pelouse meurt en partie.
Prévention : voir généralités.

Les animaux parasites

La première étape est d'identifier correctement le parasite à éliminer. En repérant le problème dès les premiers signes, vous pourrez éviter un accroissement rapide de l'infestation. L'observation quotidienne de votre pelouse permet de traiter le problème dès son apparition et limitera de ce fait l'usage de pesticides. Les parasites que l'on ne voit pas sont particulièrement sournois. Les uns parce qu'ils vivent dans le sol et les autres, comme les taupins dits aussi fils de fer, car ils sont trop petits. Ces **nématodes** microscopiques peuvent provoquer des dégâts en pompant les racines et en produisant des soulèvements de la plaque de gazon (mai/juin).
En certains endroits, à la surface, la pousse devient moins dense en raison de l'affaiblissement des racines ; le gazon réagit de plus en plus fortement à la sécheresse. Dans ce cas, aucun produit n'est permis, il faut donc arracher la couche des racines aux endroits touchés et ressemer ensuite.

Les larves d'insectes
Dans les sols légers et sablonneux, les **fourmis** peuvent provoquer des nuisances aux racines du gazon. On peut attirer les fourmilières dans un pot de fleurs retourné et les transporter avec la pelle à un endroit moins sensible. Diverses larves d'insectes endommagent le gazon dans le sol.
Les larves voraces du malhabile **moustique** des prés aux longues pattes *(Tipula)* provoquent de vrais dégâts. Elles vivent sous terre et dévorent les tiges dès le mois d'avril. On peut les attirer avec un mélange de son, de blé et d'un peu de sucre. La nuit, on peut les cueillir sur ces petits appâts.
Le **ver blanc**, les larves du taupin et les larves du coléoptère des tonnelles sont des ennemis des pelouses très répandus. Ils se nourrissent principalement des racines ; ils ne sont pas faciles à différencier pour les néophytes. Lorsque la pelouse est très dense et pas trop courte, cela gêne la ponte des œufs de ces insectes.
En cas de fort dégarnissement, il est possible de faire identifier les coupables par un jardinier professionnel et de s'informer sur les mesures à prendre (produit avec nématodes utiles).

Certains voudraient bien supprimer les minuscules monticules d'excréments des vers de terre. Mais ceux-ci constituent le nec plus ultra de la terre pleine d'humus.

Ces collines ne sont pas seulement inesthétiques ; ce sont aussi des trous dans lesquels on peut mettre la jambe.

Déjections des vers de terre
Les vers de terre ne sont pas nuisibles. Balayez les déjections des vers de terre. La terre très fine et riche en matière organique qu'ils rejettent favorise l'apparition de mauvaises herbes. Ces fouisseurs déchiquettent en effet les substances organiques et les rejettent sous forme d'un précieux mélange d'argile et d'humus. Dispersez ces petits monticules en passant sur le gazon un balai à poils durs. Intervenez avant la tonte de la pelouse, sinon la lame de la tondeuse risque de s'émousser.
Assurez-vous qu'aucun déchet organique ne reste sur la pelouse (feuilles, reste de tonte) et que le sol est léger et perméable.

Taupinières
Le paysage de collines que laissent les taupes et les campagnols est un cas beaucoup plus dramatique. Extérieurement, il est difficile de différencier les dégâts. Les conduits et les monticules du campagnol sont plus plats, la sortie se trouve plutôt sur le côté qu'au milieu. La taupe répare une galerie en quelques heures quand on essaie de l'enterrer. La différence est essentielle pour les conséquences. Contre les campagnols herbivores, on peut si besoin est poser des pièges ou éparpiller des appâts empoisonnés. La taupe, utile, fait partie des races protégées et doit être chassée dans le meilleur des cas. Ces deux fouisseurs sont dérangés par l'utilisation intensive des lieux et par la présence de chats et de chiens. Si les monticules sont déjà édifiés (souvent après l'hiver), il ne reste plus qu'à les aplatir au râteau et à ressemer sur les grandes surfaces dégarnies.

Se servir des produits chimiques

Les autorisations d'utiliser les désherbants chimiques et leurs conditions d'emploi deviennent de plus en plus rigoureuses, il est donc conseillé de s'adresser pour des informations complémentaires au ministère de l'Agriculture ou à un jardinier professionnel (éventuellement par Internet). En règle générale, il ne faut pas utiliser ces produits par temps très froid ou très chaud, ni par forte humidité ou sécheresse. On ne se servira pas d'herbicide avant ou après les semis. Lisez avec attention le mode d'emploi sur l'emballage. Les décrets ont tendance à compliquer l'utilisation de pesticides néfastes à l'environnement pour les jardins privés.

Culture intensive du gazon sans produit chimique

Pour les partisans des pelouses parfaites, ces dispositions sont sévères. La plupart du temps, ils ont tendance à utiliser un désherbant. Les produits contre des maladies passagères et les parasites ne sont presque plus autorisés dans certains pays. Il faut admettre que la culture intensive des pelouses ne peut donner lieu à l'utilisation de produits nocifs à l'environnement. Chaque jardinier ne doit pas perdre de vue que la pelouse est un milieu vivant qui n'a pas toujours un aspect parfait. Ce milieu peut vivre plus longtemps grâce à la mise en place de bonnes conditions, et non à l'aide, à court terme, d'un cocktail de produits chimiques.

Rapiéçage du tapis de verdure

Une utilisation intensive provoque souvent l'apparition d'endroits dégarnis dans la pelouse, par exemple là où se trouve le but de foot. Les mauvaises herbes, la sécheresse, les maladies ou les parasites peuvent aussi être responsables de ce désagrément. La solution pour le propriétaire est de ressemer.
Le jardinier méticuleux recommence tout du début : il enlève les vieilles pousses, prépare le sol et sème le même mélange qu'au départ (voir page 17). Succès garanti si l'on sème sur un vieux gazon clairsemé un mélange de regarnissage. Pour ensemencer des surfaces régulièrement piétinées, il est recommandé d'utiliser de l'herbe à pâturage résistante, elle monte vite avant que les autres plantes ne s'y développent.

Ressemer, méthode pas à pas

Pour préparer le semis, il faut tondre la pelouse aussi ras que

Avant de ressemer, tondez très court, ratissez le feutre puis enrichissez la terre avec un mélange de sable et de compost.

possible. Ensuite le sol sera aéré, soit avec un râteau, soit à l'aide d'un scarificateur. On enlèvera les restes d'herbe tondue, les mauvaises herbes et le feutre végétal. Il est alors possible de ressemer. Plus la pelouse est clairsemée, plus il faudra mettre de semences. Certaines semences germent particulièrement rapidement si les conditions décrites sur l'emballage sont respectées. La plupart des mélanges appropriés contiennent déjà un engrais de départ ; si ce n'est pas le cas, on peut utiliser un engrais additif. On ratissera les graines et on les recouvrira d'humus léger sur environ 1 cm de hauteur. Après les

Ressemez les petites surfaces à la main. Enfoncez les semences et maintenez l'humidité.

avoir tassées, on les arrosera abondamment. La surface sera humidifiée régulièrement jusqu'à germination complète. Après 6 semaines environ, l'opération aura réussi.

Réparation expresse avec transplantation

Cela va plus vite à l'aide de mottes de gazon prélevées à d'autres endroits ou avec des rouleaux de gazon précultivé que l'on trouve dans le commerce. Si l'on utilise ces méthodes, il faudra veiller à bien creuser les endroits endommagés et à les remplacer par des morceaux de taille et de hauteur identiques. Pour plus de détails, voir page 35.

Les soins tout au long de l'année

Après un long hiver humide, la pelouse n'est pas très belle à voir. Ratissez-la et enlevez les taupinières, les branches cassées, les feuilles et les autres déchets. Il faut aussi arracher les plantes pourries, aérer le sol (voir page 63) et épandre de l'engrais azoté sur le sol bien biné. Veillez à bien arroser si le temps est sec.

La tondeuse : à vos marques...

Après ces travaux de nettoyage, on peut envisager la première tonte. Bien sûr, il faut sortir la tondeuse de son abri hivernal et la préparer pour qu'elle démarre au quart de tour, puis faire le plein, éventuellement changer les bougies (voir page 56).
Il ne faut pas tondre trop ras la toute première fois. Si nécessaire, on pourra commencer un traitement contre la mousse avec la deuxième coupe, une à deux semaines plus tard. Par la suite, on utilisera la hauteur de coupe habituelle. Tant que l'humidité règne au printemps, il est impératif de débarrasser la pelouse de l'herbe coupée.

La pelouse en été

Prendre soin de la pelouse en été s'apparente à un travail de routine : une tonte régulière et un arrosage par sécheresse persistante suffisent.
Pour une culture intensive, il faut prévoir un second apport d'engrais au début de l'été (mai, juin). Lorsqu'on ne peut ou ne doit pas arroser, il ne faut pas couper le gazon trop ras, les tiges plus longues résistent mieux à un été sec.
Vous pouvez scarifier et aérer une pelouse en mauvais état même en été.

Il n'est pas évident que votre tondeuse redémarre au quart de tour à chaque printemps.

Cure d'après été

Après un bel été chaud où l'on a pratiqué beaucoup de sport et de jeux de loisirs, la pelouse montre des signes évidents de fatigue. Elle a besoin d'une cure de repos. En tout premier, il faut scarifier le gazon fraîchement tondu. L'herbe et la mousse morte seront soigneusement enlevées. Il faudra également débarrasser le terrain des petites pierres et au besoin le niveler. A l'occasion, vous pouvez aussi arracher les mauvaises herbes. Afin que les herbes reprennent et que la couche végétale se referme, on peut donner un coup de fouet à la repousse avec de l'engrais. Le dernier apport d'engrais avant l'automne entre juillet et début septembre doit être azoté. Le potassium renforce le tissu des cellules et améliore la résistance au froid. On peut ressemer aux endroits dégarnis.

La pelouse en hiver

Les herbes poussent lentement en fin de saison, tant que les conditions atmosphériques sont favorables. Jusqu'au début novembre, il est recommandé de tondre la pelouse. Sous l'effet du gel et de la neige, une partie de la tige meurt. Afin d'éviter la prolifération de la pourriture, il faut tondre le gazon le plus longtemps possible. En cas de besoin, on peut encore scarifier. Il faut absolument enlever l'herbe tondue. Il en est de même pour les feuilles mortes. Il est nécessaire de ratisser avant l'arrivée de l'hiver car les champignons et leurs maladies se développent facilement sous une couche de feuilles.

Il faut ratisser et enlever les feuilles mortes à l'arrivée de l'hiver car les maladies dues aux champignons ont vite fait de s'installer dessous.

Sommeil hivernal

Même si les températures ne sont pas très basses, les tiges peuvent geler. Si l'on marche sur la pelouse dans ces conditions climatiques, les tiges risquent de se briser à la base. Quand la pousse reprend au printemps, on observera des taches brunes aux endroits où la pelouse a été piétinée. Tant que la surface n'est pas recouverte de neige, il vaut donc mieux éviter de marcher sur le sol gelé.
Mais le gel ne provoque pas de gros dégâts sous nos latitudes. Profitez des mois d'hiver où vous ne travaillez pas dans votre jardin pour faire un contrôle complet de votre tondeuse (voir page 56).

En résumé

- Scarifier permet de prévenir les dégâts de la pelouse et de favoriser sa pousse.
- L'apport de sable permet d'améliorer la perméabilité du sol.
- Les pelouses d'ornement doivent être arrosées en cas de sécheresse persistante.
- Les pelouses d'ornement et très passantes doivent être fertilisées à l'azote au moins une fois par an.
- En prévention contre les maladies, ne pas tondre trop court.
- On peut ressemer les endroits dégarnis.

Les prairies fleuries

Représentez-vous votre jardin en plein été, une prairie où les couleurs des fleurs des marguerites, des campanules, des œillets et des scabieuses s'illuminent. Un bourdonnement incessant témoigne de la présence de milliers d'insectes laborieux. Votre jardin est devenu un espace de vie.

C'est l'activité de la nature et la tonte annuelle qui permettent la constitution d'une vraie prairie avec son écosystème.

Le royaume des fleurs et ses variantes

Les prairies sont des systèmes écologiques très complexes. Même si elles semblent tout à fait naturelles à première vue, l'assemblage des herbacées et des plantes découle de l'activité agricole de l'homme depuis des siècles. La coupe régulière ou bien le pâturage sont nécessaires : en effet, sur les surfaces laissées à l'abandon viennent s'implanter des arbustes qui à la longue donneront une forêt. Une prairie est une collectivité qui fonctionne beaucoup plus selon des exemples naturels qu'une pelouse.
Les plantes fleuries poussent durablement à un même endroit si les conditions leur conviennent, conditions qui dépendent du sous-sol. Selon que la terre est sablonneuse ou argileuse, ce ne seront pas les mêmes fleurs qui viendront s'installer dans votre prairie.

◀ La campanule, le trèfle, la marguerite et le pissenlit sont des fleurs simples qui colorent joyeusement la prairie.

Tout savoir sur la prairie

Les botanistes et les spécialistes des plantes distinguent plus de 300 sortes différentes de prairie. Les raisons de cette diversité sont les facteurs suivants qui peuvent se regrouper en différentes combinaisons :

- Structure du sol (léger/sable, moyen/glaise, lourd/argile)
- Humidité du sol (sec, humide, mouillé)
- Lumière et chaleur (soleil, ombre, pente, lisière de bosquet)
- Valeur du pH et teneur en chaux
- Teneur en éléments nutritifs, tout particulièrement l'azote (maigre à gras)
- Utilisation agricole (aucune, rare, fréquente)

Il est important pour le jardinier de connaître le nombre de tontes que les plantes peuvent supporter.
Tandis que certaines plantes ne survivent pas à une coupe fréquente, le trèfle ou les pâquerettes résistent en revanche à une tonte hebdomadaire.

Aperçu des types de prairies dans la nature

Commençons par les plus humides : la **prairie humide**, riche en éléments nutritifs, offre un aspect riant avec les trolles (boules d'or), les coucous, la renouée et la grande pimprenelle. Ces plantes sont attirées par les

Photo d'une prairie naturelle de terre humide et riche dont les fleurs sont, entre autres, le *Geranium endressii* et la renoncule sauvage.

sols lourds qui ne peuvent pas être allégés.
Cousins de ceux-ci, les **terrains à hautes plantes** qui se développent au bord des ruisseaux et des canaux. La reine-des-prés *(Filipendula ulmaria)*, le chardon et les renonculacées en sont les plantes les plus caractéristiques.
Les **prairies d'avoine** font la transition entre les prés humides et les endroits secs. Sur des sols peu humides poussent les composants typiques de cette prairie comme le cerfeuil, la crépide, le gaillet, la marguerite, le géranium, la campanule et la centaurée.
Le sol relativement sec en **bordure de bois** ou aux bords des champs permet aux plantes aimant la chaleur de se développer, ce sont entre autres l'achillée, le millepertuis, la pimprenelle et la marjolaine sauvage. Pour les petits jardins, ces terrains permettent de profiter d'un endroit coloré et biologique sur une surface réduite.
Les sols extrêmement secs et pauvres en nutriments nous conduisent à aborder le sujet des pelouses maigres.
La **pelouse siliceuse maigre** est avec quelques fétuques la patrie des plantes de montagne. La pelouse calcaire maigre en est le meilleur exemple. A côté de plantes modestes comme le sedum acre, l'épervière, l'euphorbe des cyprès, on trouve d'autres joyaux comme l'œillet de la chartreuse, la pulsatille, la sauge sauvage, les orchis et d'autres orchidées locales.
Les espèces de la **flore rudérale** s'implantent d'elles-mêmes : la verveine, l'armoise, la chicorée, la vipérine, la tanaisie, la carotte sauvage, les cardes, etc., ces plantes poussent sur des terrains créés par l'homme comme le bord des chemins, les décharges et les surfaces gravillonnées. Elles conviennent donc aussi bien aux jardins naturels qu'aux habitations.

Aux sols pauvres la diversité

Dans la nature, on rencontre la plus grande variété de plantes dans les lieux chauds, mais pauvres en éléments nutritifs. Les endroits les plus prolifiques sont les prairies maigres calcaires ; en raison de la variété des plantes, on y trouve également de nombreux insectes et animaux.
Il faut tondre deux fois par an au maximum (début de l'été, début de l'automne). Une prairie grasse sur un sous-sol riche

en éléments nutritifs doit être fauchée au moins trois fois par an en raison de la pousse intensive. Elle héberge par contre un nombre plus réduit de variétés.

Fleurs pour les hommes et les animaux

Les fleurs des prés sont une source de nourriture importante pour les papillons, les abeilles, les bourdons et les autres insectes. On doit même le respect à une plante comme le chiendent car elle fournit de la nourriture à quatre-vingt-une espèces animales.
Cette grande population d'insectes nourrit les oiseaux, les hérissons, les grenouilles et d'autres carnivores. Si ces animaux utiles s'installent chez vous, veillez à ce que les dégâts des parasites ne deviennent pas trop graves. La flore sauvage n'est pas seulement la bienvenue au niveau esthétique mais elle apporte aussi sa contribution à la santé des autres plantes du jardin.

Une terre sèche représente un habitat naturel qui paraît impossible, mais qui peu à peu se laisse coloniser par les variétés rudérales.

Semences pour chaque cas particulier

En théorie, on peut se promener dans la campagne pour y recueillir les graines des plus belles fleurs des prés, pour ensuite les semer dans son propre jardin. Pourtant, il y a bien des obstacles à cette démarche. D'une part, il faut connaître les propriétés de l'endroit prévu pour le jardin afin de récolter les graines adéquates au bon moment. D'autre part, dans certains pays, la plupart des fleurs des champs sont protégées. Si vous souhaitez récolter des graines de ces plantes, il faut parfois en demander l'autorisation auprès des organismes de protection de l'environnement. Pour toutes ces raisons, il est donc recommandé d'acheter les semences chez un commerçant spécialisé.

Des qualités différentes

Il y a des différences de qualité importantes dans les mélanges proposés sur le marché. Les prix ne fluctuent pas entre 20 et 60 centimes par mètre carré sans raisons, certains vont jusqu'à un euro. Pour les petites sur-

Principales fleurs des prairies

Variété	Emplacement, sol
Achillée *(Achillea millefolium)*	Frais, riche, sans exigences
Aigremoine *(Agrimonia eupatoria)*	Pauvre, sec
Bugle rampant *(Ajuga reptans)*	Frais, supporte l'ombre
Camomille *(Anthemis tinctoria)*	Pauvre, calcaire
Cerfeuil des prés *(Anthriscus silvestris)*	Frais, riche
Trèfle *(Anthyllis vulneraria)*	Sec, calcaire
Pâquerette *(Bellis perennis)*	Frais, riche, supporte la mi-ombre
Œil de bœuf *(Buphthalmum salicifolia)*	Autour des arbres
Campanule des prés *(Campanula patula)*	Pauvre
Camp. à feuilles de pêcher *(Campanula persicifolia)*	Mi-ombre chaude, calcaire
Camp. à feuilles rondes *(Campanula rotundifolia)*	Supporte l'ombre
Cardamine des prés *(Cardamine pratensis)*	Frais, riche, supporte la mi-ombre
Cumin des prés *(Carum carvi)*	Humide, riche
Centaurée jacée *(Centaurea jacea)*	Acide, sec, supporte la mi-ombre
Centaurée scabieuse *(Centaurea scabiosa)*	Mi-sec
Chicorée sauvage *(Cichorium intybus)*	En bordure de chemin
Coronille *(Coronilla varia)*	Sous les arbres, pauvre
Crépis bisannuel *(Crepis biennis)*	Frais, supporte la mi-ombre
Carotte sauvage *(Daucus carota)*	S'installe sur terres fraîches, supporte la mi-ombre
Œillet des chartreux *(Dianthus carthusianorum)*	Sec, pauvre
Vipérine *(Echium vulgare)*	Chaud, sec
Gaillet *(Galium mollugo)*	Acide, frais, riche, supporte la mi-ombre
Géranium des prés *(Geranium pratense)*	Frais, riche, supporte la mi-ombre
Géranium sanguin *(Geranium sanguineum)*	Sous les arbres, sec
Lierre terrestre *(Glechoma hederacea)*	Frais, riche
Berce *(Heracleum sphondylium)*	Argileux
Millepertuis *(Hypericum perforatum)*	Sous les arbres, sec, fuit le calcaire
Knautie *(Knautia arvensis)*	Argileux, supporte la mi-ombre
Grande marguerite *(Leucanthemum vulgare)*	Frais
Lotier corniculé *(Lotus corniculatus)*	Acide, sablonneux
Lychnide fleur de coucou *(Lychnis flos-cuculi)*	Humide, supporte la mi-ombre
Mauve musquée *(Malva moschata)*	Bordures, s'adapte à tout
Luzerne *(Medicago)*	Sec, pauvre
Esparcette *(Onobrychis viciifolia)*	Pauvre, calcaire
Raiponce orbiculaire *(Phyteuma orbiculare)*	Pauvre, sablonneux
Petit boucage *(Pimpinella saxifraga)*	Acide, sablonneux
Plantain lancéolé *(Plantago lanceolata)*	Frais, sans exigences
Potentille dressée *(Potentilla recta)*	Acide, sec, peu calcaire
Brunelle *(Prunella vulgaris)*	Frais, riche, sans exigences
Anémone pulsatille *(Pulsatilla vulgaris)*	Sec, pauvre, calcaire
Bouton-d'or *(Ranunculus acris)*	Riche, supporte la mi-ombre
Sauge des prés *(Salvia pratensis)*	Mi-sec, calcaire
Pimprenelle *(Sanguisorba minor)*	Pauvre, calcaire
Scabieuse colombaire *(Scabiosa columbaria)*	Pas trop sec
Pissenlit *(Taraxacum)*	Pas trop sec
Serpolet *(Thymus serpyllum)*	Acide, sablonneux
Salsifis des prés *(Tragopogon pratensis)*	Argileux
Trèfle rampant *(Trifolium repens)*	Frais, riche
Véronique petit chêne *(Veronica chamaedrys)*	Sous les arbres, supporte la mi-ombre

Herbes	Emplacement, sol
Flouve odorante *(Anthoxanthum odoratum)*	Supporte la mi-ombre
Amourette *(Briza media)*	Sec, sans exigences
Brome dressé *(Bromus erectus)*	Sec, pauvre
Avoine dorée *(Trisetum flavescens)*	Riche

faces, les différences sont acceptables ; pour les grandes, elles peuvent grever votre budget.

Préférence aux plantes locales
De nombreux mélanges sont enrichis de graines bon marché provenant d'autres régions du monde. Si leur héritage génétique arrive dans la nature, on assiste alors à une modification de la flore.
Mais déjà certains mélanges posent problème en Europe. Il est donc souhaitable d'obtenir des graines locales qui ne soient pas trafiquées, avec garantie du producteur.

Mélanges universels de graines

On peut partir du principe que seule une infime quantité des graines contenues dans les mélanges germera, notamment celles qui correspondent aux propriétés du terrain. Le reste a été ajouté pour faire face à toutes les éventualités : humidité ou sécheresse, pauvreté ou richesse d'un sol acide ou basique.
En raison de ces conditions insuffisantes, de nombreuses espèces n'arrivent jamais à s'épanouir.

Ce mélange de fleurs d'été suffit à créer une prairie naturelle grâce à ses couleurs éclatantes. Il faut en ressemer chaque année sur une terre binée.

Tentations de courte durée
Certains producteurs de semences de fleurs des champs mettent dans leurs mélanges une grande proportion de plantes annuelles qui produisent tout de suite de belles fleurs colorées. La photo d'une mer de bleuets et de coquelicots sur le sachet donne naturellement envie d'acheter, car un tel mélange attire tout de suite l'œil.
Le problème est le suivant : ces fleurs ne durent qu'une seule année en terre libre. La véritable qualité des mélanges de semis ne s'avère qu'après la deuxième année. Mélangées à un haut pourcentage de trèfle et d'herbes, ces annuelles aux couleurs éclatantes empêchent même l'implantation de fleurs des champs vivaces.

Les mélanges pour des emplacements spéciaux

Les producteurs confirmés de fleurs des champs offrent des mélanges appropriés selon les emplacements, par exemple pour des terrains humides et riches ou les sous-sols secs et maigres. Il existe ainsi des mélanges qui sont propres à des **prairies humides**, un mélange pour les **prairies grasses** comme les prairies d'avoine, une prairie de fleurs fermières pour les **sols nourrissants**, des prairies maigres pour les talus et les chemins, pour les **sols pauvres** ou calcaires, même pour les pe-

louses de **steppes** ou de rocaille ; pour ces dernières, le mélange contient 20 à 30 plantes fleuries et quelques herbes.
Les **bordures** sont petites, mais ont leur importance. Ne nous étonnons donc pas s'il existe des mélanges spéciaux pour de tels emplacements, pour des bordures sèches ou particulièrement ensoleillées ou humides.
Bien sûr, les fleurs qui aiment la **mi-ombre** sont présentes à l'appel. Comme les jardins d'aujourd'hui ont tendance à être toujours plus petits, les bordures font office de prairie et dans l'espace étroit entre les maisons et les bosquets, l'ombre règne. Les producteurs de semences se sont efforcés de créer des mélanges de jolies fleurs pour les emplacements peu ensoleillés. Il est évident que l'on ne peut attendre la même gamme de fleurs qu'en plein soleil.

Le plaisir offert aux habitants d'une maison qui jouxte une prairie durablement fleurie est presque naturel.

Mélange de graines personnalisé

Vous aurez les plus grandes chances de réussir une prairie agréable à l'œil si vous vous faites préparer la semence suivant une analyse de l'emplacement effectuée par un spécialiste. Bien sûr, vous devrez payer un peu cher et l'analyse du sol que vous aurez fait effectuer précédemment est également coûteuse. Pourtant, cela vous permettra de disposer des données exactes sur :

- la teneur en éléments nutritifs de votre terrain
- l'humidité
- le taux de pH
- la nature du sol
- l'altitude
- la tendance de la région
- la surface du terrain
- l'emplacement régional, l'environnement naturel

Sur la base de ces critères, le spécialiste vous trouvera les variétés qui s'adapteront le mieux à l'endroit précis que vous lui aurez indiqué. Si vous vous en donnez la peine, vous serez récompensé par une prairie adaptée et individuelle qui vous remerciera en vous offrant une joyeuse floraison des années durant.

La pelouse devient prairie

Pour atteindre au mieux la productivité idéale, il convient d'affamer le sous-sol en éliminant le maximum de substances nutritives.
Une telle reconversion est de longue haleine et demande beaucoup de patience.

Tondre de plus en plus rarement

Abstenez-vous de tondre régulièrement et vous serez déjà sur la bonne voie. La plupart des plantes sauvages n'apprécient pas d'être décapitées régulièrement.
Cependant, tout au début de ce processus, il faudra tondre la pelouse assez souvent et éliminer les déchets de tonte qui sont très nutritifs. L'engrais est bien évidemment interdit car il rendrait le sol trop riche et il est conseillé d'épandre un peu de sable régulièrement.
La deuxième ou la troisième année, vous devrez déjà tondre plus rarement encore, cinq à six fois au total ; la prairie sera très haute et une tondeuse normale ne suffira plus. A partir de la quatrième année, il vous suffira de tondre deux fois.

Après l'appauvrissement de la terre, ce sont souvent les fleurs des champs annuelles comme la carotte sauvage, le bleuet et le coquelicot qui s'installent.

Un développement incertain et de longue haleine
En général, il faut compter six ans et plus pour que la flore reconvertie offre l'image d'une prairie fleurie. Et ce n'est pas toujours ce que l'on souhaite qui fleurit. Il est donc recommandé de ne pas se fixer d'idéal.

Appréciez le charme d'observer le développement d'un milieu si complexe. En plantant ou semant des arbustes de prairies, vous pouvez accélérer la métamorphose.
Pour ce faire, la surface du sol sera ouverte à l'aide d'un râteau ou d'une pioche et labourée à certains endroits après la tonte. Il est utile d'épandre du sable et de la chaux en petites quantités pour appauvrir encore davantage le sol. On commence la plantation des plantes hautes au printemps. Détails pour l'ensemencement dans le prochain paragraphe. N'oubliez pas que les plantes à bulbes (voir page 36) enrichissent le paysage printanier. Veillez à choisir des bulbes de plantes rustiques.

Pour favoriser l'élimination des éléments nutritifs, vous pouvez semer du rhinanthe *(Rhinanthus)* ; ce demi-parasite tire son eau et ses nutriments dans le réseau de racines de l'herbe, ce qui affaiblit la terre et accélère de ce fait son appauvrissement.

Semis de fleurs des champs sur sol nu

Il est plus aisé d'obtenir une prairie sur un sol non cultivé. Pour le jardin neuf, après la construction d'une maison, il est nécessaire d'alléger la terre tassée mécaniquement par apport de sable ou d'humus ou bien par un fumage de base. Vous pouvez également le réaménager avec les plantes existantes. Dans le cas d'une pelouse existante, il est possible de couper et d'enlever la couche des racines. Avec moins de travail mais plus de temps, vous pouvez vous débarrasser des herbes existantes en les recouvrant de carton ou de feuilles de plastique non transparent pendant plusieurs mois. Dans ce cas, il faut également affamer le sol.

Un sous-sol pauvre

Le sous-sol doit être le plus pauvre possible en nutriments avant de procéder à l'ensemencement. Un jardin potager qui a été très fertilisé ne constitue pas l'endroit idéal pour une belle prairie fleurie. Pour rendre la terre moins nourrissante, il est possible de mélanger de grosses quantités de sable ou de pierraille. Si vous enfouissez de la paille, le processus de pourrissement éliminera l'azote du sol.
En tout cas, il est nécessaire de retourner la terre et de la nettoyer des mauvaises herbes.

Les mélanges pour prairies fleuries ne sont pas les mêmes que ceux du gazon simple. Mais le principe pour les semer reste le même.

Le temps des semis

Deux semaines après avoir nettoyé le sol, vous pouvez procéder au semis du mélange approprié de fleurs sauvages. Les mois favorables sont ceux de la pelouse : d'avril à début juin, mais aussi de la fin d'été jus-

qu'en septembre (voir page 29). Si vous semez à la main, mélangez un peu de sable aux graines, il est ainsi plus facile de semer une petite quantité de 1 à 2 g (parfois aussi 5 à 10 g) au mètre carré.
On n'enfoncera jamais les semis de plus de 1/2 cm dans le sol ; en règle générale, il suffit de les tasser.
Pendant 6 semaines, il faudra humidifier régulièrement. Evidemment, il ne faudra faire aucun apport d'engrais. La première année, une seule tonte en automne sera suffisante. Là où les semis n'ont pas pris, il est nécessaire de ressemer l'année suivante.
Ne vous attendez pas à voir votre champ se transformer en une mer de fleurs, un an seulement après les semis. Il faudra bien attendre trois à cinq ans pour qu'une flore stable et bien dense se développe avec cette méthode.

La méthode la plus onéreuse : la prairie de plantes

Il est aussi possible de planter des prairies et ce n'est pas un cas si rare. Pour les espaces verts ou pour les jardiniers exigeants, il faut un résultat immédiat auquel on ne peut arriver en semant. Bien sûr, il est très onéreux de garnir de plantes un champ de taille généreuse. On peut éventuellement trouver un compromis en plantant quelques hautes herbes à fleurs qui adoucissent l'aspect désertique. On ensemencera les parties restantes.

Un semis de forte densité présente le double avantage de couvrir la terre plus rapidement et de mieux compenser les pertes. L'inconvénient réside seulement dans le prix, plus élevé. Mais il serait dommage que les tendres fleurs ne survivent pas à la concurrence les unes des autres.

Planter sa prairie de fleurs donne beaucoup de travail et coûte cher. Mais le résultat est tangible en bien moins de temps et ses zones fleuries ne doivent rien au hasard.

La méthode la plus abordable : le mulch de foin

Au bon moment, le produit de fauchage d'une prairie agricole renferme les graines des plantes qui y poussent. Si l'on tond au milieu ou à la fin de l'été et si l'on étale le mulch sur une surface deux à trois fois supérieure, il est possible qu'une prairie se développe. Cette méthode fonctionne uniquement sur un sol pauvre avec les résidus de coupe d'une prairie maigre.
Si l'on utilise les résidus des prairies avoisinantes, cette technique est très bon marché et très écologique. Cette procédure est rendue difficile par le fait que dans certains pays les prairies adéquates sont protégées par les lois sur l'environnement. Il faut alors demander l'autorisation aux services administratifs concernés.

Tous les cinq ou six ans, il est bon de faucher un mois plus tard afin que les fleurs aient le temps de faire leurs graines, qui serviront de semences de renouvellement.

Les soins les plus appropriés à une prairie fleurie

Comme nous le savons déjà, l'apport d'engrais est non seulement superflu, mais aussi contre-productif pour la culture d'une prairie riche en fleurs. Au lieu de fertiliser, on poursuivra au contraire le processus d'appauvrissement du sol. Une vraie prairie n'a besoin que de deux ou trois tontes dans l'année, ni plus ni moins.

Quand tondre ?

Les prairies maigres atteignent une telle hauteur que l'on doit les faucher en juillet. La prairie grasse bien nourrie doit être tondue en mai ou juin pour la première fois et ensuite en août. La dernière coupe a lieu en septembre/octobre pour les deux.
Il est bien sûr possible de faucher certains passages dans les étendues de fleurs pour se frayer un chemin.

Les petites surfaces sont faciles à faucher à la main. C'est un effort, certes, mais il porte ses fruits.

Lorsque la prairie est fleurie de nombreuses variétés, on voit apparaître des papillons hauts en couleur comme cet amiral, une beauté que n'offrirait pas un simple gazon même parfait.

La paille est plus dure que l'herbe coupée, plus sèche aussi et dotée d'un rapport C/N plus élevé.
Si vous voulez la composter, il faut ajouter un élément compensatoire humide et riche en azote ou bien de l'eau et un engrais organique azoté. Pour les grandes surfaces, il faut envisager de s'en débarrasser à la décharge communale ou bien la donner à un éleveur.

Attention à la faune
De nombreux insectes et petits animaux élisent domicile dans un champ de feurs. Un fauchage complet en une seule fois les prive de leur élément vital. Il faut donc tenir compte de ces êtres souvent utiles et précieux et ne pas faucher toute la prairie d'un seul coup. Il est préférable de couper une moitié du champ et l'autre moitié une ou deux semaines plus tard.
Attention, les faux et autres tondeuses ne sont pas seulement dangereuses pour leurs utilisateurs, mais elles le sont aussi pour les animaux qui se cachent dans les hautes herbes. Il vous faut donc bien observer la partie à faucher et soulever beaucoup de poussière pour faire fuir les lapins et les familles de petits mammifères.

La paille pourrit mal

Le produit de la coupe doit être impérativement ratissé, car aucun déchet végétal ni engrais n'est souhaitable sur une prairie. La longueur des tiges dépend de la technique de coupe ; les longues tiges minces ne constituent pas un bon mulch sur des plants de légumes et, par ailleurs, ne sont pas très décoratives.
On peut utiliser les déchets de la tonte sur de petites surfaces.

En résumé

- Une prairie est aussi un lieu de vie précieux pour de nombreux petits animaux.
- Le choix des plantes dépend des propriétés de l'emplacement envisagé. Plus un mélange de graines est personnalisé, plus les chances de succès sont grandes.
- La plus grande diversité de plantes se développe sur des sols maigres.
- Les prairies peuvent être « rééduquées », ensemencées ou même plantées.
- Seul soin nécessaire : tondre deux ou trois fois par an avec une tondeuse performante.

Index

Les pages suivies d'une * renvoient aux illustrations.

A

Acaena buchananii 12
Acaena de Buchanan 12
Achillée 41, 84
Additifs 27
Aération 63
Agrostide
- commune 10, 13, 14*, 17
- des chiens 14, 36
- stolonifère 14, 36
Agrostis 10, 14, 16, 36
Aigremoine 41, 84
Ajuga 12
Alchemilla xanthochlora 12
Alchémille jaunâtre 12
Allée de garage 12, 40
Allées 26, 26*
Amourette 40, 84
Analyse de la terre 27
Animaux parasites 75
Antennaria dioica 12
Anthemis nobilis 20
Anthoxanthum odoratum 17, 20
Appauvrissement du gazon 87
Apport d'engrais 69
Arbustes 23
Arrosage 24, 31, 63*, 64, 65
Arroseur 65, 66*
- à impulsions 65*
- oscillant 31, 31*
Asaret d'Europe 21
Aster sauvage 41
Avoine
- bleue 20
- odorante 20
Azote 67, 70

B

Bac récupérateur 47, 47*
Batteries 50
Bêchage 27
Bordures 25, 58, 58*, 86
Bougie 56*
Briza 40
Brome 40, 41, 84
Bromus 40
Brûlure 32, 70, 73
Bruyère 21
Bugle 12, 84
Bulbes 19, 37, 38, 38*
Buses de drainage 28, 28*

C

Câble 49, 49*, 59
Calluna vulgaris 21
Camomille 19*, 20, 84
Campanule 41, 81*, 84
Capacité d'adaptation 13
Carburant pour tondeuse 48
Carex morrowii 20
Carotte sauvage 41, 84
Carter 46
Changement de vitesse 54
Chaux 27, 78
Chicorée 41, 84
Chionodoxa 37
Colchique 19, 37
Compostage 61, 61*
Cotoneaster 21
Cotonéaster de Dammer 21
Couche d'humus 26, 29*, 32
Coupe-bordures 53, 53*
Coussin d'air 50, 50*, 51
Couvre-sol, plantes 21
Crételle 14
Crocus 37, 37*
Crocus tommasiniasus 37
Cure d'après été 79
Cure de printemps 64
Cynosure 14
Cynosurus cristatus 14, 16

D

Débroussailleuse 51*, 52
Déchets de tonte 60
Déchets de prairie 91
Dégâts 73
Démarrage de la tondeuse 78*
Densité des semis 29, 89
Désherbants chimiques 76
Drainage 28, 28*
- buses souterraines 28, 28*
Dresse-bordures 52
Dryas 21
Duchesnea 12

E

Eau 64
Ellébore 19
Engrais 10, 29, 32, 32*, 67, 67*, 69
- azoté unique 69
- dosage 69
- longue durée 69
- minéral complet 68
- organique 68
- vert 26
Ensoleillement 10
Entretien 8, 55, 69
Epervière piloselle 41

Erica 21
Eté 58

F
Faucheuse à moteur 52
Faux 51, 90*
Fer 68
Festuca 10, 11, 14, 15, 16
Fétuque 14, 15, 16
- à feuilles fines 15
- à peau d'ours 20
- bleue 20
- élevée 17
- ovine 11, 15, 17, 41
- rouge 10, 11, 14*, 17, 41
Feutre, feutrage 73
Filtre à air 56
Fléole 16
- de Bertolini 16
- des prés 16
Fleurs des prairies 18, 19, 84
Fleurs du gazon 18, 18*, 19
Fleurs et herbes du gazon 36
Flouve odorante 17, 20, 84
Fourmis 75, 75*
Fraisier des Indes 12
Fréquence de tonte 57
Fumier 29*
Fusariose froide 74

G
Gaillet 12, 84
Galanthus nivalis 37
Galium 12
Gazon
- à l'ombre 10, 17, 69
- anglais 7, 44
- apparence 8
- cultivé en pépinière 36
- de golf 17
- de jeux 9, 69
- de rocaille 17, 39, 39*, 41*, 86
- de senteur 19*
- de sport 8, 16, 69
- de steppe 86
- desséché 65, 65*
- d'ornement 8, 16, 69
- en pente 10
- espaces verts 9
- fonctions 8
- paysager 9, 16, 69
- résistance 8
- rouleaux et mottes préculti-
vés 33
- soins 8
- sortes 8
- surface 23-24
- tous usages 9, 16, 69
- travaux d'entretien 63
- universel 9
- usage intensif 69
Géranium 19
- des prés 41, 84
- sanguin 12, 84
Geranium
- *oxonianum* 40*
- *sanguineum* 12
Germination 31
Glechoma 12
Gloire des neiges 37
Graminées 13, 14*

H
Hauteur de tonte 47, 47*, 57
Helictotrichon sempervirens 20
Herbe à bison 20
Herbe sainte 20
Herbes 13, 13*
Hierochloe odorata 20
Hiver 79
Humus (couche d'-) 26, 29*, 32
Hypericum 21

I
Ilots du gazon 24
Ilots fleuris 36
Insectes 83
- larves 75, 75*
Ivraie vivace 11, 15

J
Jacinthe 38
Jardin de maison 8, 9
Jardin familial 9*

K
Knautia 12
Knautie 12, 84

L
Laîche du Japon 20
Lamiastrum 12
Lamier 12
Larves 75, 75*
Leucojum 37
Lierre 12, 21, 21*, 84
Lieu d'implantation 10
Linaire 41
Limace 75, 75*
Lolium 11, 15, 16
Lumière 10
Lupin amer 26
Lutter contre la mousse 72

M
Maladies du gazon 73
- brunissement 74
- fusariose froide 74
- ronds de sorcière 74, 74*
- rouille 74, 74*
- taches sur les brins 75
Marguerite 36*, 41, 81*
Mauvaises herbes 70
Mélange
- de fleurs d'été 85*
- de semences 17, 24, 25, 83
- personnalisé 86
- pour substrat 27
- pour prairie grasse 85
- universel 85
Mentha pulegium 20
Menthe pouliot 20
Millepertuis 41, 84
Moteur 2 temps 48
Moteur 4 temps 48, 48*, 56*
Moteur à essence 48
Moteur électrique sur batterie 51
Motobineuse 27
Motoculteur 27*
Mottes de gazon 33, 35, 35*
Mousse 45, 64, 71, 72*
Moutarde jaune 26
Mulch 60, 60*
- de foin 90
Muscaris 19, 37

N
Narcisse 19, 37, 38, 38*
Nématodes 75
Nepeta 12
Népète 12
Niveau à bulle 29*
Nivéoles 19, 37, 38

O
Ombre 10*, 72
Ombre du bâtiment 10
Origan 12
Origanum 12
Orpin 21, 21
Ortie blanche 21

P
Paille 91
Palplanche 13, 25*
Papillon 83
Parc 9, 9*
Pâturin
- annuel 16
- commun 10, 11, 41
- comprimé 17
- couché 16
- des prés 16, 16*, 17
Pavés 12*, 13, 26
Perce-neige 19, 37, 38
Persistants 21
Petite pimprenelle 40
pH 26
Phleum 16
Pied-de-chat 12
Pierre 27*
Pissenlit d'automne 41, 81*, 84
Plan 23
Plantago 12
Plantain 12, 84
Plantation des bulbes 38
Poa 10, 11, 16
Poacée 16
Prairie
- d'avoine 82
- de jeux 7*
- fleurie 7, 10, 19, 81, 86*, 91*
- grasse 90
- humide 81, 82*, 85
- pauvre 85, 90
- plantée 89, 89*
- de mi-ombre 86
Première tonte 32
Préparation de la terre 23*
Primevère 19, 41
Profondeur des semis 29
Programmateur d'arrosage 66, 67*

R
Raccordement d'eau 66*
Ray-grass 11, 15, 15*, 17, 30, 41
Réparation rapide 78
Résidus de tonte 60
Résistance 8
Ressemer 32, 77, 77*, 78*
Robot 54, 55*
Rond de sorcière 74,74*
Rose de Sharon 21
Rouille 74, 74*
Rouleau à gazon 29, 30, 30*
Rouleaux de gazon 33, 33*, 34*
Rouleau 34*
Rudérale, flore -, 82, 83*

S
Sable 27
Salvia pratensis 40
Sanguisorba minor 40
Sauge des prés 37, 39*, 40
Scarificateur 63*, 64*
Scarification 63
Scilla 37
Scille 37
Sécurité 55, 59
Sedum 21
Semelles dameuses 30*
Semence 17, 17*, 29, 29*, 30*

- pour prairie 83
Semis 29, 88
- de fleurs des champs 28
- de regarnissage 32
- densité 29
- profondeur 29
Semoir 30, 30*, 69*
Senteur (gazon de -) 19
Senteur du foin 20
Serpolet 12, 19, 41
Starter 49
Stolon 17*
Sulfate de fer 72

T

Taupinières 76*
Technique de tonte 43
Techniques de tonte de l'herbe haute 51
Terrain en pente 11*
Terre 24
- compacte 27
- lourde 26, 27
- pierreuse 25
Thym 20*, 21
- citron 20
- carvi 20
- de Corse 20
- serpolet 19
Thymus
- 'herba barona' 20
- *pulegioides* 12, 19
- *serpyllum* 19
- x *citriodorus* 20
Toit herbu 11*
- à l'ombre 12
- herbes sèches 12
Toiture verte 17
Tondeuse
- à lame 43, 44
- à main 43*, 44, 46, 51
- à rouleau 43, 44
- achat 46
- affûtage de la lame 44, 56, 56*
- autoportée 53, 54, 54*
- autotractée 10
- électrique 49, 49*, 51, 59*
- hélicoïdale 43
- mulcheuse 45, 45*
- nettoyage 78
- robot 54, 55*
- sur coussin d'air 50, 50*, 51
- thermique 46, 48, 51
- -débroussailleuse 51*, 52
Tonte 43, 43*, 56, 69, 90
- des bordures 25, 58*
- entretien 56
- fréquence 57
- hauteur 57
- pratique 56
- première - 32
- résidus 60
- sécurité 55, 59
Travail de la terre 27*
Trêfle 41, 71*, 81*, 84
Tulipes 37
Types de prairies 81

V

Vacances 58
Variétés à touffe 17*
Ver blanc 75
Veronica teucrium 40
Véronique 40, 41*, 70*
Vers de terre 76
Vidange 56
Violettes 19
Vipérine 41, 84

W

Waldsteinia 21*
Watertimer 66

Sources des illustrations

Fa. AS-Motor : 52 h
Baumjohann ; 29 m, 30 bd, 50 h ; 74 b, 75 g, 75 d
Borstell : couverture, 2/3, 38 h
Fa. Brill : 4 b, 43
Fa. Gardena : 66
Hinz : 91
Fa. Honda : 47 h
Fa Husqvarna : 55 h
Krohme : 22
Pforr : 39
Redelheit : 4 h, 7, 8, 9 h, 11 h, 11 b, 19, 26, 29 b, 30 d, 31 b, 32, 33, 35 h, 35 b, 55 b, 56 g, 56 m, 56 d, 57, 61, 64, 65 b, 67 h, 67 b, 69, 72 h, 72 b, 73, 76 b, 78 h, 78 b, 88, 90
Reinhard : 5, 6, 21 g, 21 d, 37 d, 40, 41, 44, 47 b, 70, 71, 74 h, 76 h, 79, 80, 81, 82, 83, 85, 86, 89
Stein : 10, 17, 20, 24, 25, 27 h, 27 b, 29 h, 30 hg, 31 h, 34, 38 b, 58, 60, 62, 63, 65 h, 87
Sulzberger : 12 g, 12 d, 18, 36, 77
Sulzberger Franz : 9 b
Fa. Viking : 45, 49 h, 54
Fa. Wolf-Garten : 1, 51, 53 b
b = en bas, d = à droite, g = à gauche, h = en haut, m = au milieu

Titre original : BLV Garten Plus : *Rasen, Blumenwiese* (Robert Sulzberger)

Cette édition par Chantecler,
Belgique-France
Traduction française : Isabelle Cassou
Imprimé en Belgique.

D-MMIV-0001-517